21世纪普通高校计算机
公共课程规划教材

计算机应用基础实训指导

◎ 刘世勇 罗立新 主 编
许维芳 李岱玫 刘 颜 副主编
孟芳鑫 宋雪婷 陈桂宇 欧正辉 金培勋 王小娟 张开成 参编

U0370152

清华大学出版社
北京

内 容 简 介

　　本书是与《计算机应用基础》相配套的辅助教材。在教学内容设计上紧密围绕主教材各章节,精心设计和选择了紧贴实际、紧贴应用、覆盖面广、难易度适中的实验操作题。这些题目的大部分为作者多年从事计算机基础教学经验的结晶。

　　在结构上安排了7大类共19个实验,每个实验下分别设置了2～6个实验项目,共计50个实验项目。在同一个实验下编排若干个不同的实验项目,这也是我们编写的这本实验指导教程与传统的同类实验指导书的不同所在。这样编排的好处是:便于操作、便于理解和记忆,更有助于提高课堂教学效率。

　　本书适合作为高职院校非计算机专业学生的计算机应用基础课程的辅助教材,也可作为全国计算机等级考试(一级)的培训班教材,还可供参加各类职称计算机考试的人员学习和备考时使用。

本书封面贴有清华大学出版社防伪标签,无标签者不得销售。

版权所有,侵权必究。侵权举报电话:010-62782989

图书在版编目(CIP)数据

　　计算机应用基础实训指导/刘世勇,罗立新主编. —北京:清华大学出版社,2018(2020.9重印)
　　(21世纪普通高校计算机公共课程规划教材)
　　ISBN 978-7-302-51242-4

　　Ⅰ. ①计… Ⅱ. ①刘… ②罗… Ⅲ. ①电子计算机－高等学校－教学参考资料 Ⅳ. ①TP3

　　中国版本图书馆 CIP 数据核字(2018)第 212047 号

责任编辑:贾　斌
封面设计:刘　键
责任校对:时翠兰
责任印制:杨　艳

出版发行:清华大学出版社
　　　　网　　　址:http://www.tup.com.cn,http://www.wqbook.com
　　　　地　　　址:北京清华大学学研大厦 A 座　　　　邮　　编:100084
　　　　社 总 机:010-62770175　　　　　　　　　　　邮　　购:010-62786544
　　　　投稿与读者服务:010-62776969,c-service@tup.tsinghua.edu.cn
　　　　质量反馈:010-62772015,zhiliang@tup.tsinghua.edu.cn
　　　　课件下载:http://www.tup.com.cn,010-83470236
印　刷　者:北京富博印刷有限公司
装　订　者:北京市密云县京文制本装订厂
经　　　销:全国新华书店
开　　　本:185mm×260mm　　　印　　张:12　　　　　　字　　数:292 千字
版　　　次:2018 年 8 月第 1 版　　　　　　　　　　　印　　次:2020 年 9 月第 3 次印刷
印　　　数:9601～14600
定　　　价:34.50 元

产品编号:081216-01

　　本书是与《计算机应用基础》相配套的辅助教材。编写本书的主要目的是便于教师的教学和学生的学习。在教学内容设计上紧密围绕主教材各章节,精心设计和选择了紧贴实际、紧贴应用、覆盖面广、难易度适中的实验操作题。这些题目的绝大部分为作者多年从事计算机基础教学经验的结晶,另一部分则是收录了全国计算机等级考试(一级)的部分典型测试题作为案例。学生通过实验操作,将理论和应用有机地结合,对知识的巩固、能力的提高具有非常重要的作用。

　　在结构上安排了 7 大类共 19 个实验,每个实验下分别设置了 2～6 个实验项目,共计50 个实验项目。其中:"计算机基础操作与中英文录入"2 个实验 6 个实验项目;"操作系统"3 个实验 11 个实验项目;"字处理软件"4 个实验 9 个实验项目;"电子表格软件"4 个实验 10 个实验项目;"演示文稿"2 个实验 4 个实验项目;"计算机网络基础及应用"2 个实验 6 个实验项目;"多媒体技术"2 个实验 4 个实验项目。在同一个实验下编排若干个不同的实验项目,一个实验项目对应一个实验任务,它们的实验内容互相联系但操作却又彼此独立,这也是我们编写的这本实验指导教程与传统的同类实验指导书的不同所在。这样编排的好处是:便于操作、便于理解和记忆,更有助于提高课堂教学效率。

　　对于学时数少或文科类专业的学校,重点应放在学生基本操作能力的训练和提高上。因此,我们把涉及 Office(二级)的实验操作题,即实验 3.3 Word 文档的高级排版和实验 4.4 数据的综合分析与处理列为选做实验题,供各高职院校在教学中参考使用。

　　为了适应在多媒体教室或实验室中进行教学的需要,我们制作了与教材相配套的电子教案、实验素材、实验结果的样张。需要有关资料的教师可访问清华大学出版社的网站,进入相关网页下载。

编　者

2018 年 2 月

CONTENTS 目 录

计算机基础操作与中英文录入

实验 1.1　计算机基础操作

【实验目的】

(1) 了解计算机的系统配置,区分计算机的各类设备,会正确地开关计算机。

(2) 熟悉键盘布局,了解各键位的分布及作用,学会用正确的击键方法操作键盘。

(3) 认识鼠标,学习鼠标的使用方法。

实验项目 1.1.1　开关机练习

任务描述

(1) 请接通计算机的电源,按正确的方法启动计算机。

(2) 请按正确的关机方法关闭计算机。

操作提示

(1) 操作步骤如下。

步骤 1:接通交流电源总开关。

步骤 2:打开显示器(若显示器电源与主机电源连在一起,此步可省略)及其他外设电源(如音箱)。

步骤 3:打开主机电源(按下主机箱上的 POWER 电源按钮),计算机执行测试诊断程序,稍后屏幕上即会出现 Windows 登录界面或直接进入桌面,表示系统启动成功。

　　【说明】　计算机系统从休息状态(电源关闭)进入工作状态时进行的启动过程称为"冷启动"。

(2) 操作步骤如下。

使用完计算机后,如果暂时一段时间不用,需要关闭计算机。正确的关机步骤如下:

步骤 1:关闭所有正在运行的程序或窗口,方法将在第 2 章讲解。

步骤 2：单击"开始"按钮，选择"关机"命令，等待系统安全关机。

步骤 3：关闭外设电源。

【注意】　无论是开机还是关机，请务必按照如上正确操作步骤操作。在万不得已的情况下才采用按 POWER 电源按钮强行关闭计算机，强行关机对计算机的损害很大，直接切断交流电源的方法更不可取。

实验项目 1.1.2　"死机"情况的处理

任务描述

假设计算机因故障或操作不当，正处于"死机"状态，请给出合理的解决方案来重新启动计算机，并进行实践操作。

操作提示

出现"死机"情况时，须按以下步骤来实现计算机重启。

步骤 1：热启动：按 Ctrl＋Alt＋Delete 组合键，系统会自动弹出一个屏幕新界面，如图 1-1 所示，提示用户选择哪个操作，包括锁定该计算机、切换用户、注销、更改密码、启动任务管理器。若选择启动任务管理器，则打开"Windows 任务管理器"对话框，选择"无响应的应用程序"后单击"结束任务"按钮，或选择无响应的进程后单击"结束进程"按钮，即可结束死机状态。

步骤 2：按 RESET 按钮实现复位启动。当采用热启动不起作用时，可按复位按钮 RESET 进行启动，按下此按钮后立即释放，就完成了复位启动。这种复位启动也称为热启动。

图 1-1　屏幕新界面截图

步骤 3：强行关机后再重新启动计算机。如果使用前两种方法都不能重启计算机，可直接长按 POWER 电源按钮直到显示器黑屏，然后释放电源按钮，稍等片刻后再次按下 POWER 按钮启动计算机即可。这种启动属于冷启动。

实验项目 1.1.3　鼠标操作

任务描述

请练习鼠标的指向、单击、双击、右击和拖动操作。

操作提示

（1）指向：移动鼠标，将鼠标指针移到操作对象上。

（2）单击：快速按下并释放鼠标左键，一般用于选定一个操作对象。

如选定"计算机"图标的操作：

步骤 1：移动鼠标指针到"计算机"图标上，如图 1-2 所示。

步骤 2：快速按下并释放鼠标左键，如图 1-3 所示。

图 1-2　鼠标指针"指向"计算机图标

图 1-3　鼠标"单击"

（3）双击：快速连续两次按下并释放鼠标左键，一般用于打开窗口或启动应用程序。

如打开"计算机"窗口，操作步骤如下：

步骤1：将鼠标指针移到"计算机"图标上，如图1-2所示。

步骤2：快速连续两次按下并释放鼠标左键，即可打开"计算机"窗口，如图1-4所示。

图1-4　"计算机"窗口

（4）"右击"：快速按下并释放鼠标右键，一般用于打开一个与操作对象相关的快捷菜单。

如打开计算机窗口也可采用如下步骤：

步骤1：将鼠标指针指向"计算机"图标，如图1-2所示。

步骤2：快速按下并释放鼠标右键，立即弹出快捷菜单，如图1-5所示。

步骤3：选择"打开"选项，如图1-6所示，立即打开"计算机"窗口，如图1-4所示。

图1-5　"计算机"的快捷菜单

图1-6　选择"打开"选项

【思考】 右击不同的操作对象所弹出的快捷菜单一样吗？请操作练习。

（5）拖动：按住鼠标左键拖动鼠标到指定位置，再释放按键的操作。拖动一般用于选择多个操作对象以及复制或移动对象等。

如选择"计算机"图标和"回收站"图标，将它们拖移至屏幕中心位置。操作步骤如下：

步骤1：用鼠标拖动框选法将桌面上的"计算机"图标和"回收站"图标都选中，如图1-7所示。

步骤2：按下鼠标左键将它们拖移至屏幕中心位置后释放鼠标左键即可。如图1-8所示。

图1-7 鼠标拖动框选法

图1-8 移动至屏幕中心位置

实验项目1.1.4 键盘操作

任务描述

观察键盘，完成以下任务。

（1）找到主键盘区、功能键区、编辑键区、数字小键盘区（辅助键区）和状态指示灯。

（2）识别和记忆各键名称、键位及功能：请找到 Esc 键、Tab 键、Caps Lock 键、左/右 Shift 键、左/右 Alt 键、左/右 Ctrl 键、BackSpace 键、Delete 键、Insert 键、PrintScreen 键、Enter 键，了解它们各自的功能。

（3）键盘上的3个状态指示灯分别代表什么？

（4）用正确的指法分别敲击键盘上的各键。

问题解析及操作提示

（1）问题解析

键盘是很重要的输入设备，它的组成及分区如图1-9所示。

图1-9 键盘的分区

（2）问题解析

要求熟记键盘上各键的名称、键位及功能，这是我们熟练地编辑输入文档的重要基础。

（3）问题解析

键盘上的 3 个状态指示灯的标识分别为 NumLock、CapsLock、ScrollLock，它们的功能如下。

- NumLock 指示灯：数字/编辑锁定状态指示灯。点亮时表示小键盘处于数字输入状态（此时敲击小键盘输入 0～9 数字有效），否则为编辑输入状态。按 NumLock 键可实现状态切换。
- CapsLock 指示灯：大写字母锁定状态指示灯。点亮时表示处于大写字母输入状态，否则为小写字母输入状态。按 CapsLock 键可实现大小写字母输入状态的切换。
- ScrollLock 指示灯：滚动锁定指示灯，由于很少用，在此不作说明。

（4）操作解析如下

敲击键盘正确的指法如图 1-10 所示。

图 1-10　击键的正确指法

实验 1.2　中、英文录入

【实验目的】

（1）熟练掌握键盘使用的基本方法。

（2）熟练掌握英文输入。

（3）熟练掌握一种汉字输入法。

实验项目1.2.1　英文输入

任务描述

（1）启动"写字板"程序，进入写字板。

（2）将输入法切换成英文输入状态，在写字板中输入如下英语短文。

The content of the disk which is currently inserted into the source drive is read and stored in HD-COPY 's internal buffer, Then it can be written to any number of destination disks.

Mouse usage：simply click anywhere in the source window, or click on this line in the main menu.

If "auto verify" is switched on, the data written to the disk is reread and compared with the actual data, so write errors can be detected, but it take more time of course.

If "format" is switched on , the destination disk is also formatted, It is also formatted if "format" is switched to "automatic"（" ＊ "）and if the disk isn't already appropriately formatted.

Mouse usage：simply click anywhere in the destination window, or click on this line in the main menu.

This menu entry leads to the "Format" submenu. It enables you to format disks at various formats(720 Kb up to 1.764 Mb). Press the ESc key to return to the main menu.

A unique serial number and name is assigned to each disk. You can also specify a volume name for the disks being formatted, or you can let HD-COPY choose an "artificial" name which is calculated from the current system date and time. Additionally, each disk gets a special boot sector which causes the computer to boot from hard disk automatically if the disk isn't bootable. This also reduces the risk of virus infection.

操作提示

（1）操作步骤如下。

步骤1：单击"开始"按钮，弹出"开始"菜单列表。

步骤2：选择"所有程序"→"附件"→"写字板"命令，即进入写字板。

（2）操作提示如下：

按Ctrl＋Space组合键，将输入法切换至英文状态，然后输入英文短文。

在输入过程中应掌握如下两个要领：

- 两眼注意原稿，绝对不允许看键盘。就是做到通常说的"盲打"。要靠手指的触摸和位置的熟练来确定击键的位置，只要坚持按照正确的操作方法和顺序进行练习，熟能生巧，一定能逐步达到正确、熟练、快速的键盘录入水平。

- 精神高度集中，避免出现差错。要把输入的差错减少到最少，提高正确率，也就等于提高了速度。只顾追求录入速度而忽略了差错率，那么录入得越多，差错就越多，欲快则反而可能更慢了，这就是所谓的"欲速则不达"。

在输入过程中人的坐姿及手指指法：

- 手腕要平直，放松，手臂要保持静止，全部动作只限于手指部分。

- 手指要保持弯曲,稍微拱起,用指尖轻轻放在字键的中央。
- 输入前应把手指按指法分区放在基本键位上,大拇指轻放在空格键上。输入时,手抬起,要击键的手指伸出,轻击后立即返回基本键位"常驻地"上,不可停留在已击的字键上,要注意有节律地轻击字键,不能击键过轻,也不能用力过猛。空格键由大拇指管理,只要右手轻抬,大拇指横着向下一击并立即回归,每击一次输入一个空格。段落结束或终止输入命令只需用右手小指轻击 Enter 键,击键后右手应退回基本键位置。

实验项目 1.2.2　中文输入

任务描述

选择一种汉字输入法,在写字板中输入如下两段中文短文。

水 淹 七 军

三国时,军事损失最大的一场雨,也是曹操一生中遇到的最糟糕的一场雨,下于建安二十四年(公元 219 年)秋天,竟然"水淹七军"。

据《三国志·魏书·于禁传》(卷十七),当时,汉中王刘备命令关羽进攻魏军把守的樊城。樊城守将是曹仁,守城兵力不足,曹操立即派于禁、庞德二将,率领七支人马前去增援。曹仁让于禁、庞德不要进城,驻扎于城北,以里应外合,控制关羽攻城。

俗话说,人算不如天算。正在双方相持不下时,樊城一带下起一场也许是百年不遇的大暴雨,一连下了多日,导致汉水暴涨,地上积水三四米深,陆上可行船。魏军兵营设在一片平地上,谁也没有想到会突然来这么一场雨。大水汹涌而至,魏七军人马全被淹在水里。魏军多北方人,不习水性,事前又没准备船只,只得泅水往高地转移,但为时已晚——这就是三国经典故事"水淹七军"的由来。

这场雨,对魏军来说糟糕透顶,但对关羽则是一场及时雨,真是"天助我也"。关羽抓住战机,率领水军,把魏军全部消灭,于禁投降,庞德拒降被杀——七军人马因一场雨,报销了。

湖北襄樊的暴雨最容易成灾,在现代亦然。如在 2008 年夏,便下了十年不遇的强暴雨,造成很大损失,当然可能比曹操当年的受灾程度要低一些。

谈 读 书

读书足以怡情,足以博彩,足以长才。其怡情也,最见于独处幽居之时;其博彩也,最见于高谈阔论之中;其长才也,最见于处世判事之际。

练达之士虽能分别处理细事或一一判别枝节,然纵观统筹,全局策划,则舍好学深思者莫属。读书费时过多易惰,文采藻饰太盛则娇,全凭条文断事乃学究故态。

读书补天然之不足,经验又补读书之不足,盖天生才干犹如自然花草,读书然后知如何修剪移接,而书中所示,如不以经验范之,则又大而无当。

有一技之长者鄙读书,无知者羡读书,唯明智之士用读书,然书并不以用处告人,用书之智不在书中,而在书外,全凭观察得之。

读书时不可存心诘难读者,不可尽信书上所言,亦不可只为寻章摘句,而应推敲细思。

书有可浅尝者,有可吞食者,少数则须咀嚼消化。换言之,有只需读其部分者,有只需大体涉猎者,少数则需全读,读时需全神贯注,孜孜不倦。书亦可请人代读,取其所作摘要,但只限题材较次或价值不高者,否则书经提炼犹如水经蒸馏,淡而无味。

　　读书使人充实,讨论使人机智,笔记使人准确。因此不常做笔记者须记忆力特强,不常讨论者须天生聪颖,不常读书者须欺世有术,始能无知而显有知。

　　读史使人明智,读诗使人灵秀,数学使人周密,科学使人深刻,伦理学使人庄重,逻辑修辞之学使人善辩;凡有所学,皆成性格。

操作提示

输入汉字时首先需要选择一种汉字输入法,常用方法有以下两种。

- 鼠标选择法
- 键盘选择法——使用快捷键

【操作解析】　Windows 操作系统的任务栏的右边位置的"提示区"中有一个输入法的状态按钮,这个输入法状态按钮在默认状态下显示的是英文状态按钮 ,单击该按钮即可弹出一个输入法选项列表,该列表中显示着当前操作系统安装的所有输入法,如图 1-11 所示。

图 1-11　输入法选项列表

　　选择输入法选项列表中的相应选项即可选择要使用的输入法(选择一种输入法后,这种输入法的按钮就会代替以前的输入法按钮出现在 Windows "提示区")。当选中一种输入法后,就可以使用这种输入法输入文字了。

　　各种输入法的状态条都具有相似的结构。例如,当前选择的是微软拼音-简洁 2010 输入法,其状态条按钮的各个部分说明如图 1-12 所示。

图 1-12　输入法状态条按钮

　　为提高汉字输入速度,常使用如下快捷键来切换输入法:

- 按 Ctrl+Space 组合键切换中英文输入法。
- 按 Ctrl+Shift 组合键可在各种输入法之间循环切换。
- 按 Shift+Space 组合键可在全角与半角状态之间切换。
- 按 Ctrl+。或 Ctrl+. 可在中英文标点符号之间切换。

【注意】　中、英文录入是学习计算机操作的基本功,一定要勤加练习,提高中、英文录入速度。汉字录入速度要求达到 40 字/分钟以上。为了提高录入效率,请熟练掌握并且灵活运用 Ctrl+Space、Ctrl+Shift 等快捷键来切换输入法状态。

Windows 7操作系统

实验 2.1　Windows 7 的系统设置

【实验目的】

(1) 理解操作系统的基本概念和 Windows 7 的新特性。

(2) 掌握对 Windows 7 控制面板的设置。

实验项目 2.1.1　设置桌面背景

任务描述

桌面背景选用一幅你喜欢的自然风景图片，并选用拉伸方式覆盖整个桌面，换片时间为30 分钟。自然风景图片存放于实验指导素材库\实验 2\涉外自然风景文件夹中。

操作提示

步骤 1：选择"开始"→"控制面板"命令，打开"控制面板"窗口，如图 2-1 所示。

步骤 2：在控制面板的"外观和个性化"栏目下，单击"更改桌面背景"超链接，或在桌面空白处右击，在弹出的快捷菜单中选择"个性化"选项，在打开的"个性化"窗口的下方单击"桌面背景"超链接，打开"桌面背景"窗口，如图 2-2 所示。

步骤 3：单击"浏览"按钮，在打开的"浏览文件夹"对话框中找到目标文件夹——"涉外自然风景"，如图 2-3 所示。单击"确定"按钮，又返回到"桌面背景"窗口，如图 2-4 所示。

步骤 4：在"图片位置"下拉列表框中选择"拉伸"选项，单击"全选"按钮，并将"更改图片时间间隔"调整为 30 分钟，然后单击"保存修改"按钮。再关闭"控制面板"窗口即可完成桌面背景的设置。

图 2-1 "控制面板"窗口

图 2-2 "桌面背景"窗口一

图 2-3 "浏览文件夹"对话框

图 2-4 "桌面背景"窗口二

实验项目 2.1.2 设置屏幕保护

任务描述

设置屏幕保护，要求选择并插入一组图片—上海外滩夜景，等待时间设置为 5 分钟，幻灯片放映速度为中速。图片存放于实验指导素材库\实验 2\上海外滩夜景文件夹中。

操作提示

步骤1：右击桌面空白处，在弹出的快捷菜单中选择"个性化"选项，打开"个性化"窗口。在窗口的右下角单击"屏幕保护程序"超链接打开"屏幕保护程序设置"对话框。在"屏幕保护程序"下拉列表框中选择"照片"选项，等待时间调为5分钟，如图2-5所示。

步骤2：在"屏幕保护程序设置"对话框中单击"设置"按钮打开"照片屏幕保护程序设置"对话框，在"幻灯片放映速度"下拉列表框中选择"中速"选项，如图2-6所示。

图2-5　"屏幕保护程序设置"对话框一

图2-6　"照片屏幕保护程序设置"对话框

　　步骤3：单击"浏览"按钮打开"浏览文件夹"对话框，按存放路径选择"上海外滩夜景"文件夹，如图2-7所示。单击"确定"按钮返回"照片屏幕保护程序设置"对话框，再单击"保存"按钮返回"屏幕保护程序设置"对话框，如图2-8所示。最后再单击"确定"按钮或"应用"按钮完成设置。

图 2-7　"浏览文件夹"对话框

图 2-8　"屏幕保护程序设置"对话框二

实验项目 2.1.3　任务栏设置

任务描述

改变任务栏的位置,将任务栏设置为自动隐藏。

操作提示

步骤 1:右击任务栏空白处,在弹出的快捷菜单中选择"属性"命令打开"任务栏和[开始]菜单属性"对话框。

步骤 2:单击"屏幕上的任务栏位置"下拉列表,选择相应选项,即可改变任务栏在屏幕上的位置。

步骤 3:单击选中"任务栏外观"栏中的"自动隐藏任务栏"复选框,即可将任务栏设置为自动隐藏。

【说明】　以上两项设置只有在单击"确定"按钮后才生效,如图 2-9 所示。

图 2-9　"任务栏和[开始]菜单属性"对话框

实验项目 2.1.4　设置系统日期和时间

任务描述

以北京标准时钟为准设置系统日期和时间。

操作提示

步骤 1:单击任务栏右下角的"日期和时间"图标打开如图 2-10 所示的日期时间信息提示区。

步骤 2:单击"更改日期和时间设置"超链接打开"日期和时间"对话框,如图 2-11 所示。

步骤 3:单击"更改日期和时间"按钮打开"日期和时间设置"对话框,单击"日期"框上端的左右箭头可调整月份值,单击"日期"框中的数字可选择该月份的日期值,在时钟下的"数字"框中可修改小时数、分钟数和秒数,如图 2-12 所示。

图 2-10 日期时间信息提示区

图 2-11 "日期和时间"对话框

图 2-12 "日期和时间设置"对话框

步骤 4：单击"确定"按钮返回"日期和时间"对话框，再单击"确定"按钮完成日期和时间的设置。

实验项目 2.1.5 用户管理

任务描述

创建用户名为 Sdudent 的账户并为该账户设置 8 位密码。

操作提示

步骤 1：单击"开始"→"控制面板"选项，打开"控制面板"窗口，在"用户账户和家庭安全"栏目下单击"添加或删除用户账户"超链接，打开"管理账户"窗口，如图 2-13 所示。

步骤 2：单击"创建一个新账户"超链接，打开"创建新账户"窗口，如图 2-14 所示。

图 2-13　"管理账户"窗口一

图 2-14　"创建新账户"窗口

步骤 3：在"新账户名"文本框中输入新账户名：Sdudent 并选择"标准用户"单选按钮，然后单击"创建账户"按钮返回到"管理账户"窗口，如图 2-15 所示。

图 2-15 "管理账户"窗口二

分析说明：创建新账户后，在"管理账户"窗口新增加了一个名为 Sdudent 的标准用户。

步骤 4：单击"Sdudent 标准用户"图标打开"更改账户"窗口，如图 2-16 所示。

图 2-16 "更改账户"窗口

步骤 5：单击"创建密码"超链接打开"创建密码"窗口，在"新密码"和"确认新密码"文本框中均输入相同的 8 位密码：例如 67613862，然后单击"创建密码"按钮，如图 2-17 所示。最后关闭所有打开的窗口完成设置。

图 2-17 设置账户密码

实验项目 2.1.6 使用帮助文件

任务描述

使用"Windows 帮助和支持"功能，搜索并查看相应的帮助。

操作提示

步骤 1：单击"开始"按钮，在"搜索程序和文件"文本框中输入"帮助和支持"，如图 2-18 所示，然后单击"帮助和支持"选项，打开"Windows 帮助和支持"窗口，如图 2-19 所示。

图 2-18 搜索"帮助和支持"

图 2-19　"Windows 帮助和支持"窗口

步骤2：单击"浏览帮助主题"按钮，如图 2-20 所示，在目录中选择"入门"→"Windows 7 的新增功能"，并查看其结果，如图 2-21 所示。

图 2-20　"浏览帮助主题"窗口

图 2-21　Windows 的新增功能

　　步骤 3：或者在"搜索帮助"文本框中输入关键字进行搜索，在搜索结果中选择用户需要的帮助，如图 2-22 所示，在搜索结果中选择"无线网络连接：常见问题"，并查看其结果，如图 2-23 所示。

图 2-22　"搜索帮助"窗口

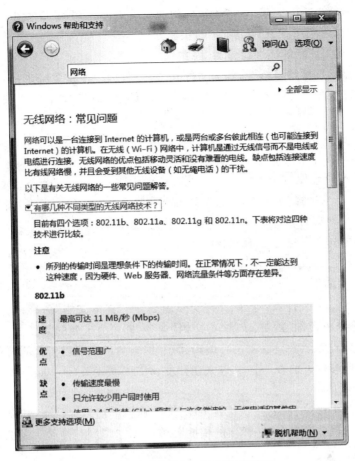

图 2-23 "无线网络：常见问题"窗口

实验 2.2　Windows 7 的文件管理

【实验目的】

(1) 理解操作系统的基本概念和 Windows 7 的新特性。

(2) 掌握 Windows 7 的文件与文件夹常规操作。

(3) 掌握文件与文件夹的搜索方法。

(4) 掌握回收站的设置与使用。

实验项目 2.2.1　文件与文件夹的常规操作

任务描述

(1) 在 D 盘根目录下建立两个一级文件夹 Jsj1 和 Jsj2,再在 Jsj1 文件夹下建立两个二级文件夹 mmm 和 nnn。

(2) 在 Jsj2 文件夹中新建 4 个文件名分别为 wj1.txt、wj2.txt、wj3.txt、wj4.txt。

(3) 将上题建立的四个文件复制到 Jsj1 文件夹中。

(4) 将 Jsj1 文件夹中的 wj2.txt 和 wj3.txt 文件移动到 nnn 文件夹中。

（5）删除 Jsj1 文件夹中的 wj4.txt 文件到回收站中，然后再将其恢复。

（6）在 Jsj2 文件夹中建立"记事本"的快捷方式。

（7）将 mmm 文件夹的属性设置为"隐藏"。

（8）设置"显示"或"不显示"隐藏的文件和文件夹，然后观察文件夹 mmm 前后的变化。

（9）设置系统"显示"或"不显示"文件类型的后缀名（扩展名），观察 Jsj2 文件夹中各文件名称的变化。

操作提示

（1）操作步骤如下。

步骤 1：进入 D 盘根目录下，选择"文件"→"新建"→"文件夹"命令；或者右击空白处，在弹出的快捷菜单中选择"新建"→"文件夹"命令，即可生成新的文件夹。

步骤 2：新文件夹的名字呈现蓝色可编辑状态，编辑名称为题目指定的名称 Jsj1。

步骤 3：用同样的方法在 D 盘根目录下建立 Jsj2 文件夹。

步骤 4：进入 Jsj1 文件夹，用同样方法建立两个二级文件夹 mmm 和 nnn。

（2）操作步骤如下。

步骤 1：进入 Jsj2 文件夹，选择"文件"→"新建"→"文本文档"命令；或者右击空白处，在弹出的快捷菜单中选择"新建"→"文本文档"命令，即可生成新的文件。

步骤 2：新文件的名字呈现蓝色可编辑状态，编辑名称为题目指定的名称 wj1.txt。

步骤 3：用同样的方法在 Jsj2 文件夹中建立 wj2.txt、wj3.txt、wj4.txt。

（3）操作步骤如下。

步骤 1：进入 Jsj2 文件夹，按快捷键 Ctrl+A 或选择"编辑"→"全选"命令。

步骤 2：右击被选中对象，在弹出的快捷菜单中选择"复制"命令；或选择"编辑"→"复制"命令。

步骤 3：单击窗口左上角的"返回到(D：)"按钮"←"返回 D 盘，双击 Jsj1 图标再次进入 Jsj1 文件夹。

步骤 4：选择"编辑"→"粘贴"命令，或者右击空白处，在弹出的快捷菜单中选择"粘贴"命令。

（4）操作步骤如下。

步骤 1：进入 Jsj1 文件夹，单击选中 wj2.txt 文件，按住 Ctrl 键的同时单击选中 wj3.txt。

步骤 2：选择"编辑"→"剪切"命令，或右击被选中对象，在弹出的快捷菜单中选择"剪切"命令。

步骤 3：进入 nnn 文件夹，选择"编辑"→"粘贴"命令，或者右击空白处，在弹出的快捷菜单中选择"粘贴"命令。

（5）操作步骤如下。

步骤 1：进入 Jsj1 文件夹，单击选中 wj4.txt 文件，按 Delete 键，或单击"文件"→"删除"命令，或右击 wj4.txt 文件，在弹出的快捷菜单中选择"删除"命令，弹出"删除文件"对话框，单击"是"按钮，即将 wj4.txt 文件移动到了回收站。

步骤 2：进入回收站，选中 wj4.txt 文件，单击"还原此项目"按钮，或选择"文件"→"还原"命令，或右击 wj4.txt 文件，在弹出的快捷菜单中选择"还原"命令，wj4.txt 文件又恢复到了 Jsj1 文件夹中。

（6）操作步骤如下。

步骤 1：进入 Jsj2 文件夹窗口，并单击窗口右上角的"向下还原"按钮，使该窗口处于还原状态。

步骤 2：选择"开始"→"所有文件"命令，打开"附件"菜单，单击选中"记事本"图标，并将其拖移到 Jsj2 文件夹窗口，则"记事本"的快捷方式创建成功。

（7）操作步骤如下。

步骤 1：进入 Jsj1 文件夹，选中 mmm 文件夹，选择"文件"→"属性"命令，或右击 mmm 文件夹，在弹出的快捷菜单中选择"属性"命令，弹出文件夹"mmm 属性"对话框，如图 2-24 所示。

步骤 2：在"属性"栏中勾选"隐藏"复选框。

步骤 3：单击"确定"按钮。（此时，mmm 文件夹的颜色由深黄色变为浅黄色）

图 2-24　文件夹"mmm 属性"对话框

（8）操作步骤如下。

步骤 1：进入 Jsj1 文件夹，选择"组织"→"文件夹和搜索选项"命令或选择"工具"→"文件夹选项"命令，打开"文件夹选项"对话框。

步骤 2：切换至"查看"选项卡，拖动"高级设置"框旁边的滚动条可浏览并设置各条目。在"隐藏文件和文件夹"条目中有两个单选按钮，如图 2-25 所示。如选择"不显示隐藏的文件、文件夹和驱动器"，则设置为"隐藏"属性的文件或文件夹将不显示；如选择"显示隐藏的文件、文件夹和驱动器"，则设置为"隐藏"属性的文件或文件夹将仍旧显示。

（9）操作步骤如下。

步骤 1：进入 Jsj2 文件夹，选择"组织"→"文件夹和搜索选项"命令或选择"工具"→"文件夹选项"命令，打开"文件夹选项"对话框。

步骤2：切换至"查看"选项卡，拖动"高级设置"框旁边的滚动条可浏览并设置各条目。勾选"隐藏已知文件类型的扩展名"复选框，则文件扩展名隐藏；去掉勾选"隐藏已知文件类型的扩展名"复选框，则文件扩展名显示，如图2-25所示。

图 2-25　"文件夹选项"对话框

实验项目 2.2.2　文件和文件夹的搜索

任务描述

（1）查找 D 盘上所有扩展名为.txt 的文件。

（2）查找 C 盘上文件名中第二个字符为 a，第四个字符为 b，扩展名为 jpg 的文件，并将搜索结果以文件名"JPG 文件.Search-ms"保存在"我的文档"文件夹中。

（3）查找 D 盘上上星期修改过的所有"＊.jpg 文件"，如果查找到，将它们复制到 C:\JSJ12\ABC1 中。

（4）查找"计算机"上所有大于 128MB 的文件。

操作提示

（1）操作步骤如下。

步骤1：选择进入 D 盘。

步骤2：在地址栏右侧文本框中输入"＊.txt"后按 Enter 键，系统便立即开始搜索，并将搜索结果按不同文件名和路径显示在右侧的窗格中。

【提示】　在搜索时，可使用通配符"？"和"＊"，"？"表示任意一个字符，"＊"表示任意一个字符串。

（2）操作步骤如下。

步骤1：进入 C 盘，在地址栏右侧的搜索文本框中输入"？a？b＊.jpg"后按 Enter 键，系统便开始搜索。

步骤2：搜索结束后，单击"保存搜索"按钮，弹出"另存为"对话框，在地址栏中选择Admin→"我的文档"路径，在"文件名"文本框中输入"JPG 文件"，在"保存类型"下拉列表中选择"保存的搜索结果(＊.Search-ms)"选项。

（3）操作步骤如下。

步骤1：进入 D 盘，在地址栏右侧的搜索文本框中输入"＊.jpg"，选择"修改日期"为"上星期"，如图 2-26 所示，按 Enter 键系统便立即开始搜索。

步骤2：如果搜索到"＊.jpg"文件，将其复制到 C:\JSJ12\ABC1 文件夹中。

（4）操作步骤如下。

步骤1：在桌面上双击"计算机"图标进入"计算机"窗口。

步骤2：单击地址栏右侧的搜索文本框，从弹出的下拉列表（如图 2-26 所示）中选择"大小"选项，在弹出如图 2-27 所示的下拉列表中选择"巨大（＞128MB）"选项，按 Enter 键，系统便立即开始搜索，搜索结束后系统即会将计算机中所有大于 128MB 的文件都显示于右侧的窗格中。

图 2-26 单击"搜索框"的下拉列表

图 2-27 单击"大小"选项的下拉列表

实验项目 2.2.3 回收站的设置与使用

任务描述

（1）设置各个磁盘驱动器的"回收站"容量：C 盘"回收站"的最大存储空间为该盘容量的 10%，其余磁盘的"回收站"最大存储空间为该盘容量的 8%。

（2）在桌面上分别建立"资源管理器"快捷方式和"记事本"快捷方式。

（3）在桌面上建立文件名为 Mytst.txt 的文本文件。

（4）删除桌面上已经建立的"资源管理器"快捷方式和"记事本"快捷方式。

（5）恢复刚删除的"资源管理器"快捷方式和"记事本"快捷方式。

（6）永久删除桌面上已经建立的 Mytst.txt 文件对象，使之不可恢复。

操作提示

（1）操作步骤如下。

步骤1：右击"回收站"图标，在弹出的快捷菜单中选择"属性"命令，打开"回收站属性"对话框，如图 2-28 所示。

步骤2：然后分别对 C 盘和其他盘的"回收站"最大存储空间进行设置即可。

图 2-28　"回收站属性"对话框

（2）操作步骤如下。

步骤 1：选择"开始"→"所有程序"→"附件"命令，打开"附件"菜单。

步骤 2：右击"Windows 资源管理器"命令，在弹出的快捷菜单中选择"发送到"→"桌面快捷方式"命令，即可在桌面上建立"资源管理器"快捷方式。

步骤 3：用同样的方法可在桌面上建立"记事本"快捷方式。

（3）操作步骤如下。

步骤 1：右击桌面空白处，在弹出的快捷菜单中选择"新建"→"文本文档"命令，桌面上出现"新建文本文档. txt"图标。

步骤 2：按 F2 键，此时新文件的名字呈蓝色可编辑状态，编辑名称为题目指定的名称Mytst. txt。

（4）操作步骤如下。

步骤 1：选中 Windows 资源管理器快捷方式图标。

步骤 2：按 Delete 键或在其快捷菜单中选择"删除"命令，在弹出"删除快捷方式"对话框中单击"是"按钮，如图 2-29 所示，即可删除所选对象。

图 2-29　确认删除

步骤 3：用同样的方法删除"记事本"快捷方式。

（5）操作步骤如下。

步骤1：打开"回收站"窗口，选定待恢复对象。

步骤2：选择"文件"→"还原"命令或在其快捷菜单中选择"还原"命令，待恢复对象即可回到原来的位置。

（6）操作步骤如下。

步骤1：在桌面上选中要永久性删除对象 Mytst.txt 文件。

步骤2：按住 Shift 键的同时再按 Delete 键打开"删除文件"对话框，如图 2-30 所示，单击"是"按钮，即可永久性删除所选对象。按这种方式删除的文件/文件夹或快捷方式图标不会进入"回收站"，也无法恢复，故为永久性删除。

图 2-30　确认永久性删除

实验 2.3　Windows 7 的程序安装

【实验目的】

（1）理解操作系统的应用软件。

（2）掌握 Windows 7 的字体下载、安装和使用。

（3）掌握 Windows 7 的软件下载、安装和卸载。

实验项目 2.3.1　字体的下载、安装和使用

任务描述

（1）通过 IE 浏览器下载需要的字体。

（2）将下载的字体解压并安装到 C:\Windows\Fonts 目录下。

（3）打开记事本输入"我安装的字体"，将文字的格式调整为安装的字体。

操作提示

（1）操作步骤如下。

步骤1：打开 IE 浏览器，在地址栏中输入网址：http://font.chinaz.com/，进入"站长之家"的主页，注册并登录为新用户，如图 2-31 所示。

步骤2：在"站长之家"的主页中，选择用户需要下载的字体，单击进入该字体页面后，如图 2-32 所示，找到"下载地址"区域，选择任一下载地址，如图 2-33 所示，将下载的文件保存到桌面。

图 2-31 "站长之家"字体主页

图 2-32 "腾祥豆豆体繁"字体

图 2-33 下载地址界面

（2）操作步骤如下。

步骤 1：下载完成后，关闭 IE 浏览器，在桌面上找到下载的文件 font1475.rar，打开该文件，找到名称为 Tensentype-DouDouF.ttf 的文件，如图 2-34 所示。选择该文件，将它解压到桌面上，如图 2-35 所示。

图 2-34　解压文件

　　分析说明：字体是文字的外在形式特征，也是文字的风格。存在于"C：\Windows\Fonts"文件夹里，字体文件格式有三种：ttf、otf、ttc，其中 ttf 最为常用。

　　步骤 2：打开"计算机"→"C：\Windows\Fonts"文件夹，在桌面上选择名称为 Tensentype-DouDouF. ttf 的文件，将它复制到 C：\Windows\Fonts 目录下。新建记事本文件，输入"我安装的字体"，将其文本格式调整为"腾祥豆豆体繁"字体，如图 2-36 所示。

图 2-35　tff 字体文件

实验项目 2.3.2　应用软件的下载、安装、使用和卸载

任务描述

　　(1) 打开 IE 浏览器，在"搜索"文本框中输入关键字"鲁大师"，找到该应用软件的安装包，将安装包下载到桌面。

　　(2) 在桌面上找到"鲁大师"安装包，双击打开，按照程序安装向导进行软件安装。

　　(3) 使用"鲁大师"查看计算机硬件信息。

　　(4) 通过"控制面板"，卸载已经安装的"鲁大师"。

操作提示

　　(1) 操作步骤如下。

图 2-36　使用安装的字体

　　打开 IE 浏览器,在"搜索"文本框中输入关键字"鲁大师",找到该应用软件的安装包,选择"普通下载",将安装包保存到桌面上,如图 2-37 所示。

图 2-37　搜索"鲁大师"

　　(2) 操作步骤如下。

　　在桌面上找到下载的安装包,如图 2-38 所示。双击执行"鲁大师"安装程序,更改"鲁大师"安装路径,单击"开始安装"按钮,如图 2-39 所示。

　　(3) 操作步骤如下。

　　步骤 1:软件安装完成后,找到桌面上启动"鲁大师"的快捷方式,如图 2-40 所示,双击打开"鲁大师"应用软件。

图 2-38　"鲁大师"安装包

图 2-39　安装向导

图 2-40　快捷方式

步骤2：选择"硬件检测"选项，单击"重新扫描"按钮，等待应用软件执行结束，即可查看用户所使用的计算机的硬件信息，如图2-41所示。

（4）操作步骤如下。

步骤1：单击"开始"→"控制面板"选项，打开"控制面板"窗口，在"程序"栏目下单击"卸载程序"超链接，打开"程序和功能"窗口，如图2-42所示。

>>>

图 2-41　硬件检测

图 2-42　控制面板主页

步骤 2：在"程序和功能"列表中找到"鲁大师"，选择"鲁大师"之后，右击弹出"卸载/更改"选项，单击"确定"按钮，如图 2-43 所示。

步骤 3：根据弹出的"卸载程序向导"，将"鲁大师"应用软件从计算机中卸载，最后单击"确定"按钮，如图 2-44 和图 2-45 所示。

图 2-43 程序和功能窗口

图 2-44 卸载"鲁大师"

图 2-45 "鲁大师"卸载向导

Word 2010文字处理软件操作

实验 3.1 Word 文档的基本操作和排版

【实验目的】

(1) 掌握 Word 文档的建立、保存与打开。

(2) 掌握 Word 文档的基本编辑。

(3) 掌握 Word 文档的字符格式、段落格式和页面格式的设置。

(4) 掌握 Word 文档的修饰,如设置项目符号和编号、分栏和首字下沉等操作。

实验项目 3.1.1 制作自荐书

任务描述

进入实验指导素材库\实验 3\实验 3.1\文件夹,打开"自荐书_文字素材.docx"文档,按如下要求设置后,以"自荐书.docx"为文件名保存在自己的文件夹中,设计样例如图 3-1 所示,也可打开"自荐书_样张.docx"文档查看。

(1) 纸张 A4,上下左右页边距均为 2.8 厘米。

(2) 标题为华文行楷、二号、加粗、居中,段后 1.5 行。

(3) 正文和落款设置为华文行楷、小四号、加粗,左右各缩进 0.5 字符,首行缩进 2 字符,行距 25 磅。

(4) 落款距正文 2 行,落款和日期右对齐。

操作提示

打开"自荐书_文字素材.docx"文档。

(1) 纸张、页边距设置。

步骤 1:在"页面布局"选项卡的"页面设置"组中,单击"页面设置"按钮打开"页面设置"对话框,将"页边距"的上、下、左、右均设置为 2.8 厘米,如图 3-2 所示。

图 3-1　自荐书样例

步骤 2：切换至"纸张"选项卡，在"纸张大小"下拉列表框中选择 A4（也可不选，因为 A4 为默认选择），如图 3-3 所示。

步骤 3：单击"确定"按钮关闭对话框。

（2）标题段设置。

步骤 1：选中标题文字，在"开始"选项卡的"字体"组中分别单击"字体""字号"和"加粗"按钮将文字设置为华文行楷、二号、加粗，如图 3-4 所示。

步骤 2：切换至"段落"组，单击"居中"按钮。

步骤 3：单击"段落"按钮打开"段落"对话框，设置"段后"间距为 2 行。单击"确定"按钮关闭对话框，如图 3-5 所示。

（3）正文和落款设置。

步骤 1：选中正文和落款文字。在"开始"选项卡的"字体"组中单击"字体""字号"和"加粗"按钮，设置为华文行楷、小四号和加粗。

图 3-2　设置页边距

图 3-3　设置纸张

步骤 2：切换至"开始"选项卡的"段落"组，单击"段落"按钮打开"段落"对话框，切换至"缩进和间距"选项卡。在"缩进"栏，将"左侧""右侧"分别调整至 0.5 字符，在"特殊格式"下拉列表框中选择"首行缩进"2 字符；在"间距"栏的"行距"下拉列表框选择"固定值"，并将"设置值"调整为 25 磅。然后单击"确定"按钮关闭对话框，如图 3-6 所示。

图 3-4　设置标题文字的字体字号

图 3-5　设置标题的段后间距

图 3-6　设置正文和落款的缩进和行距

（4）落款和日期的设置。

步骤 1：选中落款，在"段落对话框"中将"段前"间距设置为 2 行。

步骤 2：选中落款和日期，在"开始"选项卡的"段落"组中单击"右对齐"按钮，使其右对齐。

步骤 3：全部操作完成后，单击"文件"按钮，在弹出的下拉列表中选择"另存为"选项打开"另存为"对话框，保存位置选择你需要保存文件的文件夹，在"文件名"文本框中输入：自荐书，在"保存类型"下拉列表框中选择"Word 文档（*.docx）"选项即可。

实验项目 3.1.2　制作简报

任务描述

进入实验指导素材库\实验 3\实验 3.1\文件夹，打开"简报_文字素材.docx"文档，按如下要求设置后，以"简报.docx"为文件名保存在自己的文件夹中，简报样例如图 3-7 所示，也可打开"简报_样张.docx"文档查看。

图 3-7　简报样例

（1）页面设置：页边距上、下各2.4厘米，左、右各2.8厘米，纸张选择A4。

（2）标题设置为艺术字，选"第4行第2列"样式，一号字、华文行楷；文本效果选"转换-弯曲-正三角"；自动换行选"上下型环绕"；居中。

（3）正文和落款字体设置为楷体、小四号、加粗；段落首行缩进2字符，行距18磅；标题和正文间距2行，正文和落款间距2行；落款和日期设置为右对齐。

（4）正文第1段：首字下沉2行、隶书、距正文0.4厘米；正文第2段：分成等宽的三栏，加分割线；正文第3、4段：加红色项目符号"❖"。

（5）设置艺术型页面边框。

操作提示

打开"简报_文字素材.docx"文档。

（1）页面设置

步骤1：在"页面布局"选项卡的"页面设置"组中，单击"页面设置"按钮打开"页面设置"对话框，将"页边距"的上、下设置为2.4厘米，左、右设置为2.8厘米。

步骤2：切换至"纸张"选项卡，在"纸张大小"下拉列表框中选择A4。

步骤3：单击"确定"按钮关闭对话框。

（2）标题设置

步骤1：选中标题段文字，在"插入"选项卡的"文本"组中单击"艺术字"按钮，在弹出的下拉列表中选择第4行第2列样式，如图3-8所示。

步骤2：切换至"开始"选项卡的"字体"组中分别单击"字体""字号"按钮设置艺术字为华文行楷、一号字。

步骤3：选中艺术字，单击"绘图工具-格式"选项卡，在"排列"组中单击"自动换行"按钮，在弹出的下拉列表中选择"上下型环绕"选项，如图3-9所示。

图3-8　选择艺术字样式

图3-9　设置上下型环绕

步骤4：切换至"艺术字样式"组中，单击"文本效果"按钮，在弹出的下拉列表中选择"转换"→"弯曲"→"正三角"选项，如图3-10所示。

步骤5：选中艺术字，将其拖移至居中位置。

（3）正文和落款的设置

步骤1：将光标定位于正文最前端，连按两次Enter键，使标题和正文间距两行。

步骤2：选中正文和落款（包括日期）文字，在"开始"选项卡的"字体"组中分别单击"字体""字号"和"加粗"按钮设置为楷体、小四号和加粗。

步骤3：确认选中正文和落款，切换至"开始"选项卡的"段落"组中，单击"段落"按钮打开"段落"对话框，在"缩进和间距"选项卡下的"缩进"栏中单击"特殊格式"下拉按钮选择"首行缩进"2字符，在"间距"栏中单击"行距"下拉按钮选择"固定值"选项，将其右边的"设置值"调整为18磅即可，如图3-11所示。

步骤4：单击"确定"按钮关闭对话框。

步骤5：选中落款，在打开的"段落"对话框中将"段前"间距设置为2行。

步骤6：选中落款和日期，在"开始"选项卡的"段落"组中单击"右对齐"按钮，使其右对齐。

图3-10 "文本效果"按钮的列表选项

图3-11 设置行距为固定值

（4）正文第1段、第2段和第3、4段的设置。

步骤1：选中正文第1段，在"插入"选项卡的"文本"组中单击"首字下沉"按钮，在弹出的下拉列表中选择"首字下沉选项"命令，打开"首字下沉"对话框，在"位置"栏单击"下沉"选项，在"选项"栏设置"字体"为隶书，"下沉行数"为2，"距正文"为0.4厘米。然后单击"确定"按钮，关闭对话框，如图3-12所示。

步骤2：选中正文第2段，在"页面布局"选项卡的"页面设置"组中单击"分栏"按钮，在弹出的下拉列表中选择"更多分栏"选项，打开"分栏"对话框；在"预设"栏选择"三栏"选项，选中"分隔线"复选框；然后单击"确定"按钮关闭对话框，如图3-13所示。

图 3-12 首字下沉设置

图 3-13 分栏设置

步骤 3：选中正文第 3、4 段，切换至"开始"选项卡的"段落"组，单击"项目符号"下三角按钮，弹出"项目符号"下拉列表，在有限的几个符号中单击选中所需符号，如图 3-14 所示。如果没有，则应选择"定义新项目符号"选项，打开"定义新项目符号"对话框，如图 3-15 所示。

图 3-14 "项目符号"下拉列表

图 3-15 "定义新项目符号"对话框

步骤 4：在"定义新项目符号"对话框中单击"符号"按钮打开"符号"对话框，如图 3-16 所示。从符号库中选择所需符号，单击"确定"按钮返回到"定义新项目符号"对话框；如果要设置符号的颜色则应在"定义新项目符号"对话框中单击"字体"按钮打开"字体"对话框，然后进行符号颜色等的设置，如图 3-17 所示。

（5）设置艺术型页面边框。

步骤 1：光标定位于文档中的任何位置，在"页面布局"选项卡的"页面背景"组中单击"页面边框"按钮，打开"边框和底纹"对话框。

步骤 2：切换至"页面边框"选项卡，在"艺术型"下拉列表框中选择所需符号，在"应用于"下拉列表框中选择"整篇文档"选项，然后单击"确定"按钮关闭对话框，如图 3-18 所示。

步骤 3：全部操作完成后，以"简报.docx"为文件名保存于你自己的文件夹中。

图 3-16 "符号"对话框

图 3-17 "字体"对话框

图 3-18 设置艺术型页面边框

实验项目 3.1.3　制作来访者登记文档

任务描述

进入"实验指导素材库\实验3\实验3.1\"文件夹,打开"来访者登记文档_文字素材.docx"文档,按如下要求设置后,以"来访者登记文档.docx"为文件名保存在自己的文件夹中。文档样例如图3-19所示,也可打开"来访者登记文档_样张.docx"文档查看。

1.文档第1页设置要求

(1)标题:楷体、小一、加粗、居中;加红色双波浪下画线;距正文1行。

(2)正文和落款:华为楷体、四号、加粗;行距25磅;落款距正文2行;落款和日期右对齐。

(3)在"来访人员需要…"至"装修施工人员…"之间的7段文字添加项目符号"♦"。

(4)设置正文中的编号格式为"编号库"中的第1种。

(5)印章设置:绘制正圆,"形状填充"为无色,"形状轮廓"为红色,轮廓粗细3磅;艺术字样式为第3行第5列样式,华为楷体、四号;"文本效果"为转换-跟随路径-上弯弧。

2.文档第2页设置要求

(1)纸张横向。

(2)第1行输入标题文字:"来访者登记表";设置为楷体、一号、加粗,居中;第2行插入校徽和称谓图片,设置为上下型环绕,居中放置;第3行输入:"日期:年　月"字体为楷体、四号、加粗并添加下画线,设置为左对齐。

(3)第4行开始插入9列15行表格,列宽设置为2.78厘米,固定列宽;首行行高设置为1.2厘米,其他行行高设置为0.6厘米。首行依次输入列标题,并设置为楷体、小四号、加粗,对齐方式为"水平居中"。所有表格框线设置为1磅黑色单实线。

图3-19　来访者登记文档样例

3.文档第1、2页分别插入页眉"重庆师范大学涉外商贸学院办公用纸"和"建立来访人员门卫登记制度",字体为华文楷体、小四号、加粗,前者左对齐,后者右对齐

操作提示

打开"来访者登记文档_文字素材.docx"文档。

1．文档第 1 页设置要求

（1）标题设置

步骤 1：选中标题文字，在"开始"选项卡的"字体"组中分别单击"字体""字号"下拉按钮设置为楷体、小一号，单击"加粗"按钮设置字体加粗；切换至在"开始"选项卡的"段落"组中单击"居中"按钮设置标题居中。

步骤 2：确认标题文字被选中，切换至"开始"选项卡的"字体"组中，单击"字体"按钮打开"字体"对话框，切换至"字体"选项卡，在"下画线线型"下拉列表框中选择双波浪下画线，在"下画线颜色"下拉列表框中选择红色。然后单击"确定"按钮关闭对话框，如图 3-20 所示。

步骤 3：确认标题文字被选中，切换至"开始"选项卡的"段落"组中，单击"段落"按钮打开"段落"对话框，切换至"缩进和间距"选项卡，在"间距"栏设置"段后"1 行，单击"确定"按钮关闭对话框，如图 3-21 所示。

图 3-20　设置红色双波浪下画线

（2）正文和落款设置

步骤 1：选中正文和落款，在"开始"选项卡的"字体"组中单击"字体""字号"下拉按钮，选择华文楷体、四号，单击"加粗"按钮设置字体加粗；切换至"段落"组中，单击"段落"按钮，打开"段落"对话框，切换至"缩进和间距"选项卡，单击"间距"栏的"行距"下拉按钮，选择"固定值"并将其右侧的设置值调整为 25 磅。

步骤 2：选中落款，在打开的"段落"对话框中，切换至"缩进和间距"选项卡，在"间距"栏中，将"段前"调整为 2 行。

步骤 3：选中落款和日期，在"开始"选项卡的"段落"组中单击"右对齐"按钮，使其右对齐。

（3）添加项目符号"◆"

步骤 1：选中"来访人员需要…"至"装修施工人员…"之间的 7 段文字。

步骤 2：切换至"开始"选项卡的"段落"组中，单击"项目符号"下拉按钮，从弹出的下拉

图 3-21　设置段后间距 1 行

列表项中单击项目符号"◆"选项即可,如图 3-22 所示。

（4）设置正文中的编号格式为"编号库"中的第 1 种

步骤 1：选中正文中编号为 1 的段落,即文档中第 1 段落,在"开始"选项卡的"段落"组中单击"编号"下拉按钮,从弹出的下拉列表中单击选中第 1 种编号格式,如图 3-23 所示。

步骤 2：删除文档中第 2 段的编号,用格式刷将第 1 段的编号格式复制到第 2 段。用此方法依次复制其他段的编号格式。

图 3-22　插入项目符号

图 3-23　设置编号格式

（5）印章设置

步骤 1：在"插入"选项卡的"插图"组中单击"形状"下拉按钮，在弹出的下拉列表中的"基本形状"组单击"椭圆"按钮，如图 3-24 所示，此时鼠标指针变成＋号，按住 Shift 键在放置印章处拖移鼠标绘制出适当大小的正圆。

步骤 2：选中正圆，单击"绘图工具-格式"选项卡，弹出"形状样式"等功能组，如图 3-25 所示。

图 3-24　"形状"下拉列表

图 3-25　"形状样式"功能组

步骤 3：单击"形状填充"下拉按钮，在弹出的下拉列表中选择"无填充颜色"选项，如图 3-26 所示；单击"形状轮廓"下拉按钮，在弹出的下拉列表中分别选择标准色"红色"选项，轮廓"粗细"为 3 磅选项，如图 3-27 所示。

图 3-26　"形状填充"下拉列表

图 3-27　"形状轮廓"下拉列表

步骤 4：在"插入"选项卡的"文本"组单击艺术字下拉按钮，在弹出的下拉列表中选择第 3 行第 5 列样式，如图 3-28 所示；切换至"开始"选项卡的"字体"组中设置字体为华文楷体、四号，并在艺术字文本框中输入文字：重庆师范大学涉外商贸学院；选中艺术字，单击"绘图工具-格式"选项卡，在弹出的"艺术字样式"功能组中单击"文本效果"下拉按钮，在弹出的下拉列表中选择"转换"→"跟随路径"→"上弯弧"命令，如图 3-29 所示；然后调整艺术字适当大小和形状弯曲度并将其拖移至正圆中。

图 3-28 "艺术字"下拉列表

图 3-29 "文本效果"下拉列表

2. 文档第2页设置要求

（1）纸张横向

步骤1：光标定位于第1页最后位置。切换至"页面布局"选项卡的"页面设置"组，单击"分隔符"下拉按钮，在弹出的下拉列表中选择"分页符"选项，如图 3-30 所示，则新起一页。

步骤2：在"页面布局"选项卡的"页面设置"组中单击"页面设置"按钮，在打开的"页面设置"对话框中的"纸张方向"栏选择"横向"选项，在"应用于"下拉列表框中选择"插入点之后"选项，然后单击"确定"按钮，如图 3-31 所示。

（2）第1行至第3行的设置

步骤1：第1行输入标题文字："来访者登记表"；选中标题文字并切换至"开始"选项卡的"字体"组中分别单击"字

图 3-30 "分隔符"下拉列表

图 3-31 设置文档第 2 页的纸张方向为横向

体""字号"下拉按钮,选择"楷体""一号"选项,单击"加粗"按钮设置字体加粗;切换至"段落"组中,单击"居中"按钮使标题行居中。

步骤 2:按 Enter 键,光标定位于第 2 行,切换至"插入"选项卡的"插图"组中,单击"图片"按钮打开"插入图片"对话框,按照存放路径选择实验指导素材库\实验 3\实验 3.1 文件夹,选择"校徽和称谓"图片,单击"插入"按钮插入所需图片,如图 3-32 所示;选中图片,单击"图片工具-格式"选项卡,在弹出的"排列"组中单击"自动换行"按钮,在弹出的下拉列表中选择"上下型环绕",如图 3-33 所示。

图 3-32 "插入图片"对话框

步骤3：光标定位于第3行,输入文字："日期：年　月",并在"开始"选项卡的"字体"组中设置为楷体、四号,单击"下画线"按钮添加下画线;切换至"段落"组中单击"文本左对齐"按钮,使其左对齐。

(3) 第4行开始插入9列15行表格及表格属性设置

步骤1：按Enter键,将光标定位于第4行行首;在"插入"选项卡的"表格"组中单击"表格"下拉按钮,在弹出的下拉列表中选择"插入表格"选项,如图3-34所示;在打开的"插入表格"对话框中将列数调整为9,行数调整为15,单击"固定列宽"单选按钮(此项为默认选项),单击"确定"按钮,如图3-35所示。

图 3-33　"自动换行"下拉列表　　　　图 3-34　"表格"下拉列表　　　　图 3-35　"插入表格"对话框

步骤2：选中整个表格,单击"表格工具-布局"选项卡,在"表"组中单击"属性"按钮,在打开的"表格属性"对话框中单击"行"选项卡,在"行"的"尺寸"栏中勾选"指定高度"复选框,并将"行高值是"设为"固定值",将"指定高度"值设置为0.6厘米,如图3-36所示;选中表的第1行,在"表格工具-布局"选项卡的"单元格大小"组中将"高度"调整为1.2厘米;在表格第1行依次输入列标题,并在"开始"选项卡的"字体"组中设置为楷体、小四号和加粗;选中表格第1行全部单元格,单击"表格工具-布局"选项卡,在弹出的"对齐方式"组中单击"水平居中"按钮,如图3-37所示。

3. 文档第1、2页分别插入不同的页眉及格式设置

步骤1：将光标定位于文档中任意位置,在"插入"选项卡的"页眉和页脚"组中单击"页眉"按钮,在弹出的下拉列表中选择"编辑页眉"选项,如图3-38所示;此时光标出现在第1页页眉编辑位置并弹出"页眉和页脚工具-设计"选项卡,在"选项"组中勾选"奇偶页不同"复选框,如图3-39所示。

步骤2：在第1页光标当前所在位置输入："重庆师范大学涉外商贸学院办公用纸"并选中该文字,在"开始"选项卡的"字体"组中单击"字体""字号"下拉按钮设置为华文楷体、小四号,单击"加粗"按钮设置为加粗;切换至"段落"组中,单击"文本左对齐"按钮。

步骤3：在"页眉和页脚工具-设计"选项卡的"导航"组中单击"下一节"按钮,光标跳至第2页的页眉编辑处,输入："建立来访人员门卫登记制度"并将该文字设置为华文楷体、小

图 3-36   设置表格行高

图 3-37   设置单元格内容水平居中

图 3-38   "页眉"下拉列表

四号、加粗；切换至"段落"组中，单击"文本右对齐"按钮。

步骤 4：全部操作完成后以文件名"来访者登记文档.docx"保存在你的文件夹中。

图 3-39 "选项"组

实验 3.2 表格制作与数据计算

【实验目的】

(1) 熟练掌握表格的创建、编辑与格式设置。

(2) 学会设置表格边框和底纹、拆分和合并单元格。

(3) 学会绘制斜线表头、设置表格属性。

(4) 掌握表格中的数据计算与排序。

实验项目 3.2.1 制作请假条

任务描述

启动 Word 2010,在 A4 纸上绘制请假条。按如下要求设置后,以"请假条.docx"为文件名保存在自己的文件夹中。请假条样例如图 3-40 所示,也可进入"实验指导素材库\实验3\实验 3.2\"文件夹打开"请假条(样张).docx"文档查看。

图 3-40 请假条样例

(1) 首行的标题文字"请假条"设置为楷体、一号、加粗,居中。

(2) 第 2 行的文字"填写时间:年 月 日"设置为楷体、五号、加粗,文本右对齐。

(3) 表格第 3 行行高 1.3 厘米,文字为靠上两端对齐,其他行行高 0.9 厘米,文字为中部两端对齐;表格中的栏目名称及表格下方的备注文字格式均为楷体、五号、加粗。表格中的栏目内容文字格式均为楷体、五号、常规。

操作提示

启动 Word 2010。

（1）输入并设置标题文字。

步骤 1：输入标题文字："请假条"，并选中该文字，在"开始"选项卡的"字体"组中分别单击"字体""字号"下拉按钮，将其设置为楷体、一号，单击"加粗"按钮设置为加粗。

步骤 2：切换至"段落"组中单击"居中"按钮使其居中。

（2）输入并设置第 2 行文字。

步骤 1：按 Enter 键，输入文字："请假时间：年　月　日"，并选中该文字，在"开始"选项卡的"字体"组中单击"字号"下拉按钮设置为五号。

步骤 2：切换至"段落"组中单击"文本右对齐"按钮使其右对齐。

（3）制作表格、输入文字及表格、文字的编辑和格式设置。

步骤 1：按 Enter 键，切换至"开始"选项卡的"段落"组中单击"文本左对齐"按钮，将光标调至第 3 行居左位置。

步骤 2：在"插入"选项卡的"表格"组中单击"表格"按钮，在弹出的下拉列表中拖移鼠标建立 6 列 5 行的规则表格，如图 3-41 和图 3-42 所示。

图 3-41　拖移法建立表格

步骤 3：分别选中表格的第 2、3、4 行的全部单元格，在"表格工具-布局"选项卡的"合并"组中单击"合并单元格"按钮，使其分别合并为 1 个单元格，如图 3-43 和图 3-44 所示。

图 3-42　建立 6 列 5 行表格的效果图

图 3-43　"合并单元格"按钮

图 3-44　合并单元格后的效果图

段段

步骤4：选中整个表格，切换至"表格工具-布局"选项卡的"单元格大小"组中，单击"高度"微调按钮，将行高设置为0.9厘米。如图3-45所示；选中表格第3行，用同样的方法将其行高设置为1.3厘米。

步骤5：按请假条样例在表格中依次输入栏目名称和表格下方的备注文字，并将其设置为楷体、五号、加粗；栏目内容文字格式设置为楷体、五号、常规。

图3-45　设置单元格行高

步骤6：选中整个表格，切换至"表格工具-布局"选项卡的"对齐方式"组中，单击"中部两端对齐"按钮使文字在单元格中居中两端对齐；选中表格第3行，单击"靠上两端对齐"按钮使文字在单元格中靠上两端对齐，如图3-46和图3-47所示。

图3-46　设置单元格中的文字中部两端对齐

图3-47　设置单元格中的文字靠上两端对齐

（4）文档保存

确认全部操作完成后，单击"文件"选项卡，在弹出的下拉列表项中选择"另存为"选项，在打开的"另存为"对话框中，选择自己要保存的文件夹，在"文件名"文本框中输入文件名："请假条"，在"保存类型"下拉列表框中选择"Word文档（*.docx）"，然后单击"确定"按钮。

实验项目3.2.2　制作课表

任务描述

参照图3-48所示课表样例制作课表，也可进入"实验指导素材库\实验3\实验3.2\"文件夹打开"课表（样张）.docx"文档查看。以"课表.docx"为文件名保存于自己的文件夹中。

操作提示

分析：图3-48所示课程表是一个不规则表格，可先建立一个7×7的规则表格，然后进行表格的编辑、单元格的合并和拆分、表格格式化等一系列操作后变成一个课程表。

1. 新建一个Word文档，建立一个7×7的规则表格。

步骤1：启动Word 2010。

步骤2：将光标定位到需要添加表格处，切换至"插入"选项卡。

步骤 3：单击"表格"组中的"表格"按钮，在弹出的下拉列表中，按下鼠标左键拖动，待行列数满足要求时释放鼠标左键，即在光标定位处插入了一个 7 行 7 列的空白表格，如图 3-49 所示。

图 3-48　课表样例

图 3-49　拖拉法建立表格

2. 表格的编辑和格式化

步骤 1：选中整个表格，切换至"表格工具-布局"选项卡的"单元格大小"组中，将行高、列宽分别调整为 1.5 厘米、1.7 厘米，如图 3-50 所示。

步骤 2：选中表格第 1 行 7 个单元格，切换至"表格工具-布局"选项卡的"合并"组中单击"合并单元格"按钮，如图 3-51 所示。插入校徽和称谓图片，输入：课程表，并设置字体为楷体、深红色、一号、加粗，调整字符间距。

图 3-50　设置行高列宽

图 3-51　合并单元格

步骤 3：合并第 2 行前 2 个单元格；切换至"表格工具-设计"选项卡的"表格样式"组中单击"边框"下拉按钮，在弹出的下拉列表中选择"斜下框线"插入斜线表头，如图 3-52 所示，同时输入列标题：星期、时间，设置为楷体、小四、加粗；在该行后 5 个单元格分别输入：一、二、三、四、五，设置为楷体、四号、加粗；分别合并第 3、4 两行、第 6、7 两行第 1 列两个单元格，合并第 5 行 7 个单元格，并适当调整行高和列宽，同时输入"上午、下午、午休"文字，字体为楷体，加粗，"上午、下午"为四号字，"午休"为五号字，如图 3-53 所示。

图 3-52　插入斜线表头

图 3-53　合并单元格和输入文字后的效果

步骤 4：分别选中第 3、4、6、7 行的第 2 列 4 个单元格，切换至"表格工具-布局"选项卡的"合并"组中，单击"拆分单元格"按钮，打开"拆分单元格"对话框，将"行数"微调框调整为 1，"列数"微调框调整为 2，单击"确定"按钮。则将 4 个单元格拆分为 8 个单元格，如图 3-54 和图 3-55 所示。并分别输入"1、2、3、4、5、6、7、8"，对其他单元格按照课表样例输入相应文字，字体均设置为楷体、小四号、加粗。

图 3-54　"合并"组

图 3-55　"拆分单元格"对话框

步骤 5：分别选中除斜线表头单元格外的其他单元格，切换至"表格工具-布局"选项卡的"对齐方式"组中单击"水平对齐"按钮，如图 3-56 所示。

步骤 6：选中整个表格，切换至"表格工具-设计"选项卡的"绘图边框"组中，单击"笔样式"下拉按钮，在弹出的下拉列表中选择双实线，单击"笔画粗细"按钮，在弹出的下拉列表中选择 2.25 磅，"笔颜色"选择深红色，如图 3-57 所示；切换至"表格工具-设计"选项卡的"表格样式"组中，单击"边框"下拉按钮，在弹出的下拉列表中选择"外侧框线"选项，如图 3-58 和图 3-59 所示。仿此方法绘制 1.5 磅蓝色单实线的内框线。

图 3-56　"对齐方式"组

图 3-57　"绘图边框"组

图 3-58　"表格样式"组

图 3-59　"边框"下拉列表

步骤 7：选中整个表格，切换至"表格工具-设计"选项卡的"表格样式"组中，单击"底纹"下拉按钮，在弹出的下拉列表中选择"其他颜色"选项，打开"颜色"对话框，切换至"标准"选项卡，选择一种浅绿色，如图 3-60 和图 3-61 所示。

图 3-60　"底纹"下拉列表

图 3-61　"颜色"对话框

3. 文档的保存

步骤 1：单击"文件"选项卡，在弹出的下拉列表中选择"另存为"选项。

步骤 2：在打开的"另存为"对话框中，以"课表.docx"为文件名保存于自己的文件夹中。

※实验 3.3　Word 文档的高级排版

【实验目的】

（1）掌握设置字符格式和段落格式、应用文档样式和主题、调整页面布局等排版操作。

（2）学会利用邮件合并功能批量制作和处理文档。

（3）掌握多窗口和多文档的编辑，文档视图的使用。

（4）学会分析图文素材，并根据需求提取相关信息引用到 Word 文档中。

实验项目 3.3.1　制作海报

任务描述

某高校为了使学生更好地进行职场定位和职业准备、提高就业能力,该校学工处将于 2013 年 4 月 29 日(星期五)19:30—21:30 在校国际会议中心举办题为"领慧讲堂——大学生人生规划"就业讲座,特别邀请资深媒体人、著名艺术评论家赵䨓先生担任演讲嘉宾。

请根据上述活动的描述,参考图 3-62 所示海报样例,利用 Word 2010 制作一份宣传海报,也可打开"实验指导素材库\实验 3\实验 3.3"文件夹下的"海报_样张.docx"文件查看。制作海报所需素材均保存在实验 3.3 文件夹中。海报制作完毕后以"海报.docx"为文件名保存于自己的文件夹中。要求如下。

图 3-62　"海报"样例

(1) 进入实验 3.3 文件夹打开"海报_文字素材.docx"文档;调整文档版面:页面高度 35 厘米,页面宽度 27 厘米,页边距:上、下为 5 厘米,左、右为 3 厘米,并将实验 3.3 文件夹下的图片"海报背景_图片.jpg"设置为海报背景。

(2) 标题的设置:字体、字号和颜色分别设置为"华文琥珀""初号"和"白色背景 1"并"居中"显示,段后 2 行。

(3) 正文和落款的设置:将"欢迎踊跃参加"设置为"华文行楷""初号""白色,背景 1"并"居中"显示,段前、段后间距为 1.5 行。其他文字为"宋体""二号",字体颜色为"深蓝"和"白色,背景 1";将"报告题目:……报告地点:"5 段文字的"行距"设置为"单倍行距","首行缩进"为"3.5 字符",将"主办:校学工处"设置为右对齐。

(4) 在"主办:校学工处"位置后另起一页,并设置第 2 页的纸张大小为 A4,纸张方向为"横向",页边距:上、下、左、右均为 2.5 厘米并选择"普通"页边距定义。

(5) 第 2 页的标题文字设置为宋体、三号、加粗、红色字体,居中显示;"日程安排""报名流程"和"报名人介绍"文字为宋体、四号、加粗;"报名人介绍"下面的文字为宋体、小四号字。

(6) 在"日程安排"段落下面,复制本次活动的日程安排表(请参考"活动日程安排.xlsx"文件),要求表格内容引用 Excel 文件中的内容,如若 Excel 文件中的内容发生变化,Word 文档中的日程安排信息随之发生变化。

（7）在"报名流程"段落下面，利用"SmartArt"制作本次活动的报名流程（学工处报名、确认座席、领取资料、领取门票）。

（8）设置"报告人介绍"段落下面的文字排版布局为参考样例文件中所示的样式。

（9）更换报告人照片为实验 3.3 文件夹下的 Pic 2.jpg 照片，将该照片调整到适当位置，并不要遮挡文档中的文字内容。并设置"柔化"为"50％"，"亮度和对比度"为"－20％、＋40％"。

操作提示

进入实验 3.3 文件夹打开"海报_文字素材.docx"文档。

（1）设置文档版面和背景。

步骤 1：在"页面布局"选项卡的"页面设置"组中单击"页面设置"按钮，在打开的"页面设置"对话框中，在"页边距"选项卡下，设置上、下为 5 厘米，左、右为 3 厘米；切换至"纸张"选项卡，"纸张大小"选择"自定义大小"，宽度为 27 厘米，高度为 35 厘米。然后单击"确定"按钮，如图 3-63 和图 3-64 所示。

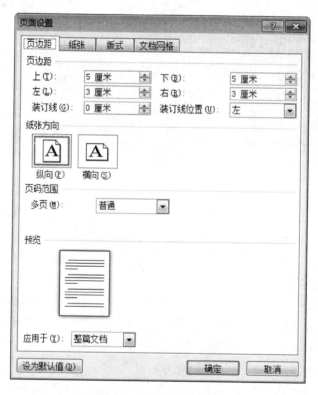

图 3-63　"页边距"选项卡

步骤 2：在"页面布局"选项卡的"页面背景"组中单击"页面颜色"按钮，在弹出的下拉列表中选择"填充效果"选项，打开"填充效果"对话框，切换至"图片"选项卡，如图 3-65 和图 3-66 所示。

步骤 3：单击"选择图片"按钮，打开"选择图片"对话框，按图片存放路径选择所需图片后单击"插入"按钮返回到"填充效果"对话框，再单击"确定"按钮，即可插入图片背景，如图 3-67 所示。

图 3-64　"纸张"选项卡

图 3-65　"页面颜色"下拉列表

图 3-66　"填充效果"对话框

（2）标题的设置

步骤1：选中标题文字。切换至"开始"选项卡的"字体"组中单击"字体""字号"和"字体颜色"下拉按钮设置为华文琥珀、初号、红色。

步骤2：切换至"开始"选项卡的"段落"组中单击"段落设置"按钮，在打开的"段落设置"

图 3-67 "选择图片"对话框

对话框中的"缩进和间距"选项卡下,将"对齐方式"设置为"居中",将"间距"中的"段后"设置为 2 行,单击"确定"按钮,如图 3-68 所示。

图 3-68 设置段后间距

（3）正文和落款的设置

步骤1：选中"欢迎踊跃参加"文字,在"开始"选项卡的"字体"组中单击"字体""字号"和"字体颜色"下拉按钮,将其设置为"华文行楷""初号""白色背景1"。

步骤2：切换至"开始"选项卡的"段落"组中单击"段落设置"按钮,在打开的"段落设置"对话框中的"缩进和间距"选项卡下,将"对齐方式"设置为"居中",将"间距"中的"段前""段后"均设置为1.5行,单击"确定"按钮,如图3-69所示。

图3-69　设置段前段后间距

步骤3：选中正文和落款的其余文字,切换至"开始"选项卡的"字体"组中将字体设置为宋体、二号,字体颜色为"深蓝"和"白色,背景1"两种颜色,如样例所示;选中"报告题目：……报告地点："5段文字,切换至"开始"选项卡的"段落"组中单击"段落设置"按钮,在打开的"段落设置"对话框中的"缩进和间距"选项卡下的"行距"设置为"单倍行距","首行缩进"为"3.5字符",如图3-70所示。

步骤4：选中落款文字,切换至"开始"选项卡的"段落"组中单击"文本右对齐"按钮。

（4）在"主办：校学工处"位置后另起一页,并设置第2页的版面

步骤1：将光标定位于"校学工处"文字之后,在"页面布局"选项卡的"页面设置"组中单击"分隔符"按钮,在弹出的下拉列表中选择"分节符"的"下一页"选项即新起一页,如图3-71所示。

步骤2：选中第2页,在"页面布局"选项卡的"页面设置"组中单击"页面设置"按钮打开"页面设置"对话框,在"页边距"选项卡下,将上、下、左、右均设置为2.5厘米,"纸张方向"设

图 3-70　设置段落的缩进

置为横向,"普通"页边距定义,在应用于下拉列表框中选择"本节"选项;切换至"纸张"选项卡,"纸张大小"选择 A4,单击"确定"按钮,如图 3-72 所示。

图 3-71　分页

图 3-72　第 2 页的版面设置

（5）第2页的文字格式设置

步骤1：选中标题文字，在"开始"选项卡的"字体"组中将其设置为宋体、三号、加粗、红色字体；切换至"开始"选项卡的"段落"组中单击"居中"按钮。

步骤2：选中"日程安排""报名流程"和"报名人介绍"文字，在"开始"选项卡的"字体"组中将其设置为宋体、四号、加粗。

步骤3：选中"报名人介绍"下面的文字，在"开始"选项卡的"字体"组中将其设置为宋体、小四号字。

（6）在"日程安排"段落下面，复制本次活动的日程安排表

步骤1：打开文档"活动日程安排.xlsx"，选中表格中除标题行以外的所有数据并单击"复制"按钮，如图3-73所示。

"领慧讲堂" 就业讲座之大学生人生规划 日程安排		
时间	主题	报告人
18:30 - 19:00	签到	
19:00 - 19:20	大学生职场定位和职业准备	王老师
19:20 - 21:10	大学生人生规划	特约专家
21:10 - 21:30	现场提问	王老师

图 3-73　复制 Excel 工作表中的数据

步骤2：切换到当前文档，光标定位于"日程安排"段落下面；在"开始"选项卡的"剪贴板"组中，单击"粘贴"的下三角按钮，从其下拉列表中选择"选择性粘贴"命令，打开"选择性粘贴"对话框，选择"粘贴链接"单选按钮，在"形式"下拉列表框中选择"Microsoft Excel 工作表对象"，单击"确定"按钮，如图3-74所示。若更改"活动日程安排.xlsx"文档中单元格的内容，则 Word 文档中的信息也同步更新。

图 3-74　"选择性粘贴"对话框

（7）制作报名流程

步骤1：将光标置于"报名流程"字样后，在"插入"选项卡的"插图"组中单击"SmartArt"按钮，打开"选择 SmartArt 图形"对话框，选择"流程"中的"基本流程"，如图3-75所示。

步骤2：单击"确定"按钮后，得到报名流程中的3个圆角矩形，选中任意一个矩形，单击"SmartArt 工具-设计"选项卡，在"创建图形"组中，单击"添加形状"按钮，在弹出的下拉列

表中选择"在后面添加形状"选项,设置完成后,即可得到与参考样式相匹配的图形,如图 3-76 所示。

图 3-75　选择"基本流程"

图 3-76　设置与参考样式相匹配的图形

步骤 3:在流程图的文本框中输入相应的流程名称,设置字号为 14 磅大小,如图 3-77 所示。

步骤 4:选中"学工处报名"所处的文本框,单击"SmartArt 工具-格式"选项卡,在弹出的"形状样式"组中单击"形状填充"下拉按钮,在弹出的下拉列表中选择"标准色"中的"红色"选项,如图 3-78 所示。按照同样的方法依次设置后三个文本框的填充颜色为"浅绿""紫色""浅蓝",效果如图 3-79 所示。

图 3-78 "形状填充"下拉列表

图 3-77 输入流程名称后的流程图

图 3-79 设置形状填充后的效果

（8）设置"报告人介绍"段落下面的文字排版布局

步骤1：将光标定位于"报告人介绍"下面的段落中，在"插入"选项卡的"文本"组中单击"首字下沉"按钮，在弹出的下拉列表中选择"首字下沉选项"命令，打开"首字下沉"对话框，在"位置"栏选择"下沉"选项，在"选项"栏设置"字体"为楷体，"下沉行数"为3行，"距正文"为0.4厘米，然后单击"确定"按钮，如图3-80和图3-81所示。

图 3-80 "首字下沉"列表

图 3-81 "首字下沉"对话框

步骤 2：选中"报告人介绍"下面的文字，在"开始"选项卡"字体"组中将其设置为"白色背景 1"。

（9）更换报告人照片为实验 3.3 文件夹下的 Pic 2.jpg 照片，并设置照片格式

步骤 1：选中照片，在"图片工具-格式"选项卡的"调整"组中单击"更改图片"按钮，在打开的"插入图片"对话框中选择所需图片，单击"插入"按钮，如图 3-82 所示。

步骤 2：选中插入的照片，切换至"图片工具-格式"选项卡的"排列"组中。单击"旋转"按钮，在弹出的下拉列表中选择"水平翻转"选项，如图 3-83 所示。

图 3-82　插入照片

图 3-83　将照片水平翻转

步骤 3：选中照片，在"图片工具-格式"选项卡的"调整"组中。单击"更正"按钮，在弹出的下拉列表中选择"柔化"为"50％"，"亮度和对比度"为"－20％、＋40％"，如图 3-84 所示。

步骤 4：全部操作完成后，以"海报.docx"为文件名保存于自己的文件夹中。

图 3-84　"更正"下拉列表

实验项目 3.3.2　制作邀请函

任务描述

为召开云计算技术交流大会,小王需制作一批邀请函,需要邀请的人员名单见"人员名单.xlsx",大会定于 2013 年 10 月 19 日至 20 日在武汉举行。

请根据上述活动的描述,参考图 3-85 所示邀请函样例,利用 Word 2010 制作一批邀请函,也可打开"实验指导素材库\实验 3\实验 3.3"文件夹下的"邀请函_样张.docx"文件查看。制作邀请函所需素材均保存在实验 3.3 文件夹中。邀请函制作完毕后以"邀请函.docx"为文件名保存于自己的文件夹中。要求如下。

(1) 打开"邀请函_文字素材.docx"文档,设置页面高度、宽度均为 27 厘米;页边距的上、下、左、右均为 3 厘米。

(2) 设置标题文字的字体为华文楷体、一号、加粗,字符间距加宽 3 磅,字体颜色为红色,加紫色轮廓并居中显示,段后间距 1 行。

(3) 设置正文、落款和日期的字体为楷体、四号,首行缩进 2 字符(除"尊敬的"文字段落以外),行距 20 磅,段后间距 1 行。落款和日期位置为右对齐且右侧缩进 3 字符。

(4) 将文档中"XXX 大会"替换为"云计算技术交流大会"。

(5) 将电子表格"人员名单.xlsx"中的姓名信息自动填写到"邀请函"中"尊敬的"三字后面,并根据性别信息,在姓名后添加"先生"(性别为男)、"女士"(性别为女)。

(6) 设置页面边框为黄色的"★"。

(7) 在正文第 2 段的第一句话"……进行深入而广泛的交流"后插入脚注"参见 http://www.cloudcomputing.cn 网站"。

操作提示

进入实验 3.3 文件夹打开"邀请函_文字素材.docx"文档。

邀请函

尊敬的 陈松民先生:

云计算技术交流大会是计算机科学与技术领域以及行业的一次盛会,也是一个中立和开放的交流合作平台,它将引领云计算行业人员对中国云计算产业作更多、更深入的思辨,积极推进国家信息化建设与发展。

本届大会将围绕云计算架构、大数据处理、云安全、云存储、云呼叫以及行业动态、人才培养等方面进行深入而广泛的交流。会议将为来自国内外高等院校、科研院所、企事单位的专家、教授、学者、工程师提供一个代表国内云计算技术及行业产、学、研最高水平的信息交流平台,分享有关方面的成果与经验,探讨相关领域所面临的问题与动态。

本届大会将于 2013 年 10 月 19 日至 20 日在武汉举行。鉴于您在相关领域的研究与成果,大会组委会特邀请您来交流、探讨。如果您有演讲的题目请于 9 月 20 日前将您的演讲题目和详细摘要通过电子邮件发给我们,没有演讲题目和详细摘要的我们将难以安排会议发言,敬请谅解。先生陈松民

云计算技术交流大会诚邀您的光临!

云计算技术交流大会组委会

2013 年 9 月 1 日

图 3-85 邀请函样例

(1) 设置页面

步骤 1:在"页面布局"选项卡的"页面设置"组中单击"页面设置"按钮,在打开的"页面设置"对话框中,将页边距的上、下、左、右均设置为 3 厘米,如图 3-86 所示。

步骤 2:切换至"纸张"选项卡,在"宽度"和"高度"文本框中均输入 27 厘米,然后单击"确定"按钮,如图 3-87 所示。

图 3-86 设置页面边距

图 3-87 设置纸张

（2）设置标题文字

步骤 1：选中标题，在"开始"选项卡的"字体"组中单击"字体""字号""字体颜色"下拉按钮将其设置为华文楷体、一号、红色；单击"加粗"按钮设置为加粗。

步骤 2：选中标题，单击"字体"按钮打开"字体"对话框，切换至"高级"选项卡，在"间距"下拉列表框中选择"加宽"选项，将右侧的"磅值"调整为3，单击"确定"按钮，如图 3-88 所示。

图 3-88 加宽字符间距

步骤 3：选中标题，单击"文本效果"下拉按钮，在弹出的下拉列表中选择"轮廓"→"主题颜色"中的"紫色"，如图 3-89 所示。

图 3-89　设置字符轮廓

步骤 4：选中标题，在"开始"选项卡的"段落"组中单击"段落"按钮打开"段落"对话框，在"缩进和间距"选项卡下的"常规"栏中，将"对齐方式"下拉列表框中的列表项设置为"居中"，将"间距"栏中的段后调整为"1 行"，然后单击"确定"按钮。

（3）设置正文、落款和日期的字体为楷体、四号，首行缩进 2 字符（除"尊敬的"文字段落以外），行距 20 磅，段后间距 1 行。落款和日期位置为右对齐且右侧缩进 3 字符。

步骤 1：选中正文、落款和日期，在"开始"选项卡的"字体"组中单击"字体""字号"下拉按钮，选择"楷体""四号"。

步骤 2：切换至"开始"选项卡的"段落"组中单击"段落"按钮，在打开的"段落"对话框中的"缩进和间距"选项卡下，在"缩进"栏中，选择"特殊格式"下拉列表框中的列表项为"首行缩进"，将右侧的"磅值"调整为 2 字符；在"间距"栏，将"段后"调整为 1 行，将"行距"下拉列表框中的列表项选择为"固定值"，将其右侧的"设置值"调整为 20 磅，单击"确定"按钮，如图 3-90 所示。然后将光标定位于"尊敬的"文字前面，按 BackSpace 键取消该行的首行缩进。

步骤 3：选中落款和日期，切换至"开始"选项卡的"段落"组中单击"段落"按钮，在打开的"段落"对话框的"缩进和间距"选项卡中，将"常规"栏中的"对齐方式"选择为"右对齐"，在"缩进"栏中，将"右侧"调整为 3 字符，单击"确定"按钮，如图 3-91 所示。

（4）将文档中"XXX 大会"替换为"云计算技术交流大会"。

步骤 1：选中首段文字前面的"XXX"，单击"开始"选项卡"编辑"组中的"替换"按钮，打开"查找和替换"对话框，在"替换为"文本框中输入："云计算技术交流"，如图 3-92 所示。

步骤 2：单击"全部替换"按钮，弹出"Microsoft Word"对话框，单击"否"按钮完成替换，然后再单击"关闭"按钮关闭"查找和替换"对话框，如图 3-93 所示。

（5）在"尊敬的"三字后面填写电子表格"人员名单.xlsx"中的姓名信息和称谓。

步骤 1：将光标置于文中"尊敬的"之后。在"邮件"选项卡的"开始邮件合并"组中单击"开始邮件合并"下拉按钮，在弹出的下拉列表中选择"邮件合并分步向导"选项，如图 3-94 所示。

图 3-90　设置正文的段落格式

图 3-91　设置落款和日期的段落格式

图 3-92 "查找和替换"对话框

图 3-93 "Microsoft Word"对话框

步骤 2：打开"邮件合并"任务窗格，进入"邮件合并分步向导"的第 1 步。在"选择文档类型"中选择一个希望创建的输出文档的类型，此处我们选择"信函"单选按钮，如图 3-95 所示。

图 3-94 "开始邮件合并"下拉列表

图 3-95 第 1 步

步骤 3：单击"下一步：正在启动文档"超链接，进入"邮件合并分步向导"的第 2 步，在"选择开始文档"选项区域中选中"使用当前文档"单选按钮，以当前文档作为邮件合并的主文档，如图 3-96 所示。

步骤 4：接着单击"下一步：选取收件人"超链接，进入第 3 步，在"选择收件人"选项区域中选中"使用现有列表"单选按钮，如图 3-97 所示。

图 3-96　第 2 步　　　　　　　　图 3-97　第 3 步

步骤 5：然后单击"浏览"超链接，打开"选取数据源"对话框，选择"人员名单.xlsx"文件后单击"打开"按钮，如图 3-98 所示。此时打开"选择表格"对话框，如图 3-99 所示，选择默认选项后单击"确定"按钮。

图 3-98　"选取数据源"对话框

步骤 6：进入"邮件合并收件人"对话框，如图 3-100 所示。单击"确定"按钮完成现有工作表的链接工作。

步骤 7：选择了收件人的列表之后，单击"下一步：撰写信函"超链接，进入第 4 步。在"撰写信函"区域中选择"其他项目"超链接，如图 3-101 所示。

步骤 8：打开"插入合并域"对话框，在"域"列表框中，按照题意选择"姓名"域，单击"插入"按钮，如图 3-102 所示。插入完所需的域后，单击"关闭"按钮，关闭"插入合并域"对话框。文档中的相应位置就会出现已插入的域标记，如图 3-103 所示。

图 3-99 "选择表格"对话框

图 3-100 "邮件合并收件人"对话框

图 3-101 第 4 步

图 3-102 "插入合并域"对话框

邀请函

尊敬的《姓名》：

云计算技术交流大会是计算机科学与技术领域以及行业的一次盛会，也是一个中立和开放的交流合作平台，它将引领云计算行业人员对中国云计算产业作更多、更深入的思辨，积极推进国家信息化建设与发展。

图 3-103 在主文档中插入合并域"姓名"后的效果图

步骤9：在"邮件"选项卡的"编写和插入域"组中，单击"规则"下拉按钮，在弹出的下拉列表中选择"如果…那么…否则…"选项，打开"插入 Word 域"对话框。在"域名"下拉列表框中选择"性别"选项，在"比较条件"下拉列表框中选择"等于"选项，在"比较对象"文本框中输入"男"，在"则插入此文字"文本框中输入"先生"，在"否则插入此文字"文本框中输入"女士"。设置完成后单击"确定"按钮，如图 3-104 所示。

图 3-104 "插入 Word 域：IF"对话框

步骤10：在"邮件合并"任务窗格中，单击"下一步：预览信函"超链接，进入第5步。如图 3-105 所示，在"预览信函"选项区域中，单击＜＜或＞＞按钮，可查看具有不同邀请人的姓名和称谓的信函，如图 3-106 所示。

图 3-105 第5步

邀请函

尊敬的孙英女士：

云计算技术交流大会是计算机科学与技术领域以及行业的一次盛会，也是一个中立和开放的交流合作平台，它将引领云计算行业人员对中国云计算产业作更多、更深入的思辨，积极推进国家信息化建设与发展。

图 3-106 具有不同邀请人的姓名和称谓的信函

步骤 11：预览并处理输出文档后，单击"下一步：完成合并"超链接，进入"邮件合并分步向导"的最后一步。此处，我们选择"编辑单个信函"超链接，如图 3-107 所示。

步骤 12：打开"合并到新文档"对话框，在"合并记录"选项区域中，选中"全部"单选按钮，如图 3-108 所示。

图 3-107　第 6 步

图 3-108　"合并到新文档"对话框

步骤 13：最后单击"确定"按钮，Word 就会将存储的收件人的信息自动添加到邀请函的正文中，并合并生成一个包含有 6 个人邀请函的新文档。

（6）设置页面边框为黄色的"★"

步骤 1：在"页面布局"选项卡的"页面背景"组中单击"页面边框"按钮，打开"边框和底纹"对话框。

步骤 2：切换至"页面边框"选项卡，在"艺术型"下拉列表框中选择黄色的"★"，在"应用于"下拉列表框中选择"整篇文档"选项，然后单击"确定"按钮，如图 3-109 所示。

图 3-109　"边框和底纹"对话框

(7) 在正文第 2 段的第一句话"……进行深入而广泛的交流"后插入脚注"参见 http://www.cloudcomputing.cn 网站"

步骤 1：选中正文第 2 段的第一句话"……进行深入而广泛的交流"文字，切换至"引用"选项卡的"脚注"组中单击"插入脚注"按钮，如图 3-110 所示。

图 3-110 "脚注"组

步骤 2：在选中文字的后面添加了一个标注符号"1"，光标调至该页底端，在光标所在处输入："参见 http://www.cloudcomputing.cn 网站"。仿此方法为每个邀请函添加脚注。

(8) 保存文档

步骤 1：单击"文件"选项卡，在弹出的下拉列表中选择"另存为"选项打开"另存为"对话框。

步骤 2：保存位置选择自己的文件夹，"文件名"文本框输入文件名："邀请函"，"保存类型"选择"Word 文档(＊.docx)"，然后单击"确定"按钮。

实验 3.4 图文混排

【实验目的】
(1) 熟练掌握插入图片及设置对象格式。
(2) 熟练掌握艺术字的使用。
(3) 熟练掌握文本框的使用。
(4) 熟练掌握图文混排和绘制简单图形的操作。

实验项目 3.4.1 赠送给老师的节日贺卡

任务描述
为表达对教师的敬爱，在教师节之际，物联网工程专业学生小王为教师设计一张节日贺卡以表感恩之情。参考图 3-111 所示教师节节日贺卡样例，利用 Word 2010 制作一张赠送给老师的节日贺卡，也可打开"实验指导素材库\实验 3\实验 3.4"文件夹下的"贺卡_样张.docx"文件查看。制作贺卡所需素材均保存在实验 3.4 文件夹中。贺卡制作完毕后以"教师节节日贺卡.docx"为文件名保存于自己的文件夹中。要求如下。

(1) 进入实验 3.4 文件夹打开"贺卡_文字素材.docx"文档。页面设置：纸张大小 16 开，页边距为上、下 2.54 厘米，左、右 1.91 厘米。

(2) 将实验 3.4 文件夹下的图片"贺卡背景_图片.jpg"插入到文档居中位置。调整图片位置显示在页面正中间并设置为"衬于文字下方"。图片设置为双框架、黑色，边框线条粗细为"12 磅"。

(3) 将"老师您辛苦了！"设置为艺术字。艺术字样式设置为"填充-红色，强调文字颜色 2，暖色粗糙棱台"，文字效果为"发光：橙色，8pt 发光，强调文字颜色 6"，陀螺形旋转，置于图片右下方。

(4) 用文本框输入祝词文本，行距为 1.5 倍。称谓及正文文字样式设置为"小四、楷体、加粗"，正文文本设置为"首行缩进 2 字符"，并添加下画线。署名与日期设置为"小四、黑体、加粗",右对齐。将文本框置于图片中部合适位置。

图 3-111　教师节节日贺卡样例

操作提示

进入实验 3.4 文件夹打开"贺卡_文字素材.docx"文档。

(1) 纸张、页边距设置

步骤 1：在"页面布局"选项卡的"页面设置"组中，单击"页面设置"按钮，打开"页面设置"对话框，将"页边距"的上、下设置为 2.54 厘米，左、右设置为 1.91 厘米，如图 3-112 所示。

图 3-112　"页边距"选项卡

步骤2：切换至"纸张"选项卡，在"纸张大小"下拉列表框中选择16开，如图3-113所示。

步骤3：单击"确定"按钮关闭对话框。

图3-113 "纸张"选项卡

（2）设置图片

步骤1：插入图片，在"插入"选项卡的"插图"组单击"图片"按钮，打开"插入图片"对话框，按图片存放路径选择所需图片后单击"插入"按钮即可插入图片，如图3-114所示。

图3-114 "插入图片"对话框

步骤2：选中图片。切换至"图片工具-格式"选项卡，在"排列"组"位置"设置为"中间居中，四周型文字环绕"，如图3-115所示。"自动换行"设置为"衬于文字下方"，如图3-116所示。

步骤3：选中图片。切换至"图片工具-格式"选项卡，在"图片样式"组中选择"双框架、黑色"，图片边框中粗细选择"其他线条"，打开"设置图片格式"对话框，如图3-117所示。在"宽度"文本框中输入"12磅"。

图 3-115 "位置"下拉列表

图 3-116 "自动换行"下拉列表

图 3-117 "设置图片格式"对话框

（3）设置艺术字

步骤 1：在"插入"选项卡的"文本"组中单击"艺术字"按钮，在其下拉列表中选择"填充-红色，强调文字颜色 2，粗糙棱台"的艺术字样式，如图 3-118 所示。输入文本"老师您辛苦了！"

步骤 2：选中艺术字，在弹出的"绘图工具-格式"选项卡的"艺术字样式"组中单击"文本效果"按钮，在弹出的下拉列表中选择"发光"中的"橙色，8pt 发光，强调文字颜色 6"，"转换"中选择"陀螺形"，如图 3-119 所示。

步骤 3：将艺术字拖移至图片右下方合适位置即可。

图 3-118 "艺术字"下拉列表　　　　图 3-119 "文本效果"下拉列表

（4）设置祝词文本

步骤 1：选中所有祝词文本，在"插入"选项卡中"文本"组单击"文本框"按钮，在弹出的下拉列表中选择"绘制文本框"，如图 3-120 所示。适当调整文本框大小。

图 3-120 绘制文本框

步骤 2：选中所有祝词文本，在"开始"选项卡中"段落"组中单击"段落"按钮，在打开的"段落"对话框中设置行距为"1.5 倍"，如图 3-121 所示。

步骤 3：选中称谓及正文文本，在"开始"选项卡中"字体"组分别单击"字体""字号"和"加粗"按钮将文字设置为楷体、小四、加粗，如图 3-122 所示。

步骤 4：选中正文文本，在"开始"选项卡中"段落"组中单击"段落"按钮，在打开的"段落"对话框中设置"首行缩进：2 字符"，如图 3-121 所示，单击"确定"按钮。在"字体"组中单击下画线按钮设置文本下画线。

步骤 5：选中署名及日期，在"开始"选项卡中"字体"组分别单击"字体""字号"和"加粗"按钮将文字设置为黑体、小四、加粗。在"段落"组中单击"文本右对齐"按钮，如图 3-123 所示。

图 3-121 "段落"设置对话框

图 3-122 称谓及正文文本"字体"设置

图 3-123 署名及日期"字体"及"段落"设置

步骤 6：将文本框拖移至图片中部合适位置。全部操作完成后，单击"文件"按钮，在弹出的下拉列表中选择"另存为"选项，打开"另存为"对话框，保存位置选择你需要保存文件的文件夹，在"文件名"文本框中输入"教师节节日贺卡"在"保存类型"下拉列表框中选择"Word 文档(＊.docx)"选项即可。

实验项目 3.4.2 举办周末舞会海报

任务描述

为培养学生课外社交能力，艺术学院学生会专门利用周末时间为在校大学生准备一场舞会派对,意在增加学生之间的互动与情感交流,为此需设计一张用于宣传的舞会海报来吸引更多学生。参考图 3-124 所示舞会海报样例,利用 Word 2010 制作一张周末舞会海报,也可打开"实验指导素材库\实验 3\实验 3.4"文件夹下的"舞会海报_样张.docx"文件查看。制作舞会海报所需素材均保存在实验 3.4 文件夹中。舞会海报制作完毕后以"周末舞会海报.docx"为文件名保存于自己的文件夹中。要求如下。

图 3-124　舞会海报样例

(1) 进入实验 3.4 文件夹打开"舞会海报_文字素材.docx"文档。页面设置:纸张大小为 32.23 厘米(宽度)×23,54 厘米(高度),页边距上、下、左、右均为 3 厘米,纸张方向为横向。

(2) 将实验 3.4 文件夹下的图片"舞会海报背景_图片.jpg"插入到文档居中位置。调整图片位置显示在页面正中间并设置为"衬于文字下方"。

(3) 将主题"校园舞会"设置为艺术字,字号为 55 号,加粗显示。艺术字样式设置为"填充-蓝色,强调文字颜色 1,金属棱台,映像",文字颜色设置为渐变填充,预设颜色为"彩虹出轴",渐变类型为从左下角的"射线"。艺术字轮廓颜色设置为"橙色",透明度为 50%。文本效果为"发光:黄色,10 磅,强调文字颜色 1,透明度 60%",两端近弯曲转换,置于图片左上方。

(4) 将海报内容设置为竖向文本,其中涉及的数字均采用横向文本,行距为 1.5 倍。字体设置为"四号、黑体",其中标题加粗显示。将文本框置于图片左中部合适位置。

(5) 为海报增加光圈效果,插入无填充色的圆形,边框颜色设置为"白色,背景 1,深色 15%",4.5 磅粗细,形状效果设置为"发光:紫色,5pt 发光,强调文字颜色 4",1 磅柔化边缘效果。通过复制粘贴的方式可设置多个不同大小、不同效果的光圈,放置在图片右上方合适位置。

操作提示

进入实验 3.4 文件夹打开"舞会海报_文字素材.docx"文档。

(1) 纸张、页边距设置

步骤 1：在"页面布局"选项卡的"页面设置"组中，单击"页面设置"按钮打开"页面设置"对话框，将"页边距"的上、下、左、右均设置为 3 厘米，纸张方向为"横向"，如图 3-125 所示。

步骤 2：切换至"纸张"选项卡，在"纸张大小"下拉列表框中选择"自定义大小"选项，在"宽度"列表框输入"32.23 厘米"，在"高度"列表框输入"23.54 厘米"，如图 3-126 所示。

步骤 3：单击"确定"按钮关闭对话框。

图 3-125 "页边距"选项卡

图 3-126 "纸张"选项卡

(2) 设置图片

步骤 1：插入图片，在"插入"选项卡的"插图"组单击"图片"按钮，打开"插入图片"对话框，按图片存放路径选择所需图片后单击"插入"按钮即可插入图片，如图 3-127 所示。

图 3-127 "插入图片"对话框

步骤2：选中图片。切换至"图片工具-格式"选项卡,在"排列"组"位置"设置为"中间居中,四周型文字环绕",如图3-128所示。"自动换行"设置为"衬于文字下方",如图3-129所示。

图3-128　"位置"下拉列表

图3-129　"自动换行"下拉列表

(3) 设置艺术字

步骤1：选中主题文本"校园舞会",在"插入"选项卡的"文本"组中单击"艺术字"按钮,在其下拉列表中选择"填充-蓝色,强调文字颜色1,金属棱台,映像"的艺术字样式,如图3-130所示。

图3-130　"艺术字"下拉列表

步骤2：选中艺术字,切换至"开始"选项卡中"字体"组分别单击"字号"和"加粗"按钮,将文字设置为55号、加粗。

步骤3：选中艺术字,在弹出的"绘图工具-格式"选项卡的"艺术字样式"组中单击"设置文本效果格式"按钮,在打开的"设置文本效果格式"对话框中选择"文本填充"类别。单击"渐变填充"单选按钮和"预设颜色"下拉按钮,选择"彩虹出轴",单击"类型"下拉按钮选择"射线",单击"方向"下拉按钮选择"从左下角",如图 3-131 所示。

图 3-131　艺术字"文本填充"设置

步骤 4:选中艺术字,按步骤 3 所示方法打开"设置文本效果格式"对话框,选择"文本边框"类别。单击"实线"单选按钮,单击"颜色"下拉按钮选择"橙色",调整透明度值为 50%,如图 3-132 所示。(说明:文本轮廓即文本边框)

图 3-132　艺术字"文本边框"设置

步骤 5:选中艺术字,按步骤 3 所示方法打开"设置文本效果格式"对话框,选择"发光和柔化边缘"类别。单击"预设"下拉按钮选择"发光变体"第一列任一预设方案,单击"颜色"下拉按钮选择"黄色",调整大小为 10 磅,调整透明度为 60%,如图 3-133 所示。设置完成后单击"关闭"按钮。

步骤 6:选中艺术字,在弹出的"绘图工具-格式"选项卡的"艺术字样式"组中单击"文字效果"下拉按钮,再选择"转换"中的"弯曲"→"两端近"选项,如图 3-134 所示。

步骤 7:将艺术字拖移至图片左上方合适位置即可。

(4)设置海报内容

步骤 1:在"插入"选项卡的"文本"组中单击"文本框"按钮,在弹出的下拉列表中选择

"绘制竖排文本框"选项,鼠标变成"+"号,选择文中合适位置绘制适当大小的竖排文本框,将海报内容文字剪切粘贴至文本框中。

图 3-133　艺术字"发光和柔化边缘"设置　　　　图 3-134　艺术字"文字效果"设置

步骤 2：分别选中文本框中的数字文本,如"2017",在"开始"选项卡的"段落"组中单击"中文版式"下拉按钮,选择"纵横混排"按钮,如图 3-135 所示。在弹出的"纵横混排"对话框中取消"适应行宽"复选框,如图 3-136 所示。单击"确定"按钮。其他数字文本均按照此步骤完成设置。

图 3-135　"中文版式"设置　　　　　图 3-136　"纵横混排"对话框

步骤 3：选中文本框中的所有文字,在"开始"选项卡的"字体"组中分别将"字体""字号"设置为黑体、四号。

步骤 4：将文本框中的标题文字均设置为加粗。

步骤 5：将文本框中的文本段落格式设置为"1.5 倍行距"。

步骤 6：选中文本框,在"绘图工具-格式"选项卡的"形状样式"组中单击"形状轮廓"下拉按钮,在弹出的下拉列表中选择"无轮廓"选项。

步骤 7：将文本框拖移至该页面左中部合适的位置。

（5）设置光圈效果

步骤 1：插入圆形,在"插入"选项卡的"插图"组中单击"形状"下拉按钮,选中"椭圆"形状,如图 3-137 所示,此时光标变成"十"字形。在背景图片右上部合适位置,按下鼠标左键,同时按住 Shift 键,通过拖曳鼠标从而绘制"正圆"。

步骤 2：选中"正圆",在"绘图工具-格式"选项卡的"形状样式"组中单击"形状填充"下

图 3-137　"形状"下拉列表

拉按钮,在弹出的下拉列表中选择"无填充颜色"选项,如图 3-138 所示。再单击"形状轮廓"下拉按钮,选择颜色为"白色,背景 1,深色 15%"的图标,选择"粗细"为"4.5 磅",如图 3-139所示。

　　步骤 3:继续选中"正圆",单击"形状效果"下拉按钮,在弹出的下拉列表中选择"发光"→"紫色,5pt 发光,强调文字颜色 4"选项,选择"柔化边缘"为"1 磅"选项,如图 3-140 所示。

图 3-138　"形状填充"设置　　　图 3-139　"形状轮廓"设置　　　图 3-140　"形状效果"设置

　　步骤 4:选中已格式化的"正圆",右击鼠标,在弹出的快捷菜单中选择复制命令,在背景图片上合适位置进行粘贴。按照步骤 3 所示方法,修改圆圈的颜色及形状效果。选中形状,同时按住 Shift 键还可调整正圆大小。这样即可完成多个光圈的制作。

　　步骤 5:全部操作完成后,单击"文件"按钮,在弹出的下拉列表中选择"另存为"选项打开"另存为"对话框,保存位置选择你需要保存文件的文件夹,在"文件名"文本框中输入"周末舞会海报",在"保存类型"下拉列表框中选择"Word 文档(* .docx)"选项即可。

Excel 2010电子表格软件操作

实验 4.1　Excel 工作表的基本操作与格式化

【实验目的】

(1) 熟练掌握 Excel 工作簿、工作表和单元格的常见操作。

(2) 熟练掌握工作表中数据的输入。

(3) 掌握公式的建立与复制。

(4) 掌握工作表中单元格的格式设置方法。

实验项目 4.1.1　建立学期考勤汇总表(含多选、插入、复制、删除、移动、重命名、标签颜色更改)

任务描述

进入"实验指导素材库\实验 4\实验 4.1"文件夹,打开"A 班学生考勤登记表_原始数据.xlsx"文档,在该工作簿文档中,A 班学生考勤登记表原始数据如图 4-1 所示。为防止文件杂乱,以月为单位创建考勤记录表,然后将这些表存储在一个工作簿文件中。工作表命名为 2018-3、2018-4、2018-5 等,将"Sheet1"工作表名称修改为"2018-3"。复制 4 张工作表,每个工作表按时间创建至"2018-7",移动工作表按时间顺序排序,将工作簿默认创建的"Sheet2""Sheet3"删除。插入一个工作表,作为考勤汇总统计表,名称重命名为"汇总统计",将该工作表标签颜色设置为红色突出显示。最后工作簿文件保存名称为"A 班学生考勤汇总表",保存在个人指定的文件夹中。设计样例如图 4-2 所示。

操作提示

(1) 复制工作表,复制 5 张相同的考勤记录表。

步骤 1:进入"实验指导素材库\实验 4\实验 4.1"文件夹,打开"A 班学生考勤登记表_原始数据.xlsx"文档。

	A班学生每月考勤登记表											
									附表12-1			
学号	姓名	迟到	旷课	病假	事假	学号	姓名	迟到	旷课	病假	事假
201526001	王红										
201526002	李明										
201526003	周筑										

图 4-1 "A班学生考勤登记表"原始数据

	A班学生每月考勤登记表											
									附表12-1			
学号	姓名	迟到	旷课	病假	事假	学号	姓名	迟到	旷课	病假	事
201526001	王红										
201526002	李明										
201526003	周筑										

图 4-2 "A班学生考勤汇总表"设计样例

步骤 2：右击工作表标签"Sheet1"，在弹出的快捷菜单中选择"移动或复制"选项，打开"移动或复制工作表"对话框，如图 4-3 所示。

步骤 3：勾选"建立副本"，然后单击"确定"按钮。工作表复制完成，默认生成新的工作表名为"Sheet1(2)"。仿此方法复制 3 张工作表，直至"Sheet1(5)"。

（2）工作表重命名为"2018-3""2018-4""2018-5""2018-6""2018-7"等。

步骤 1：右击工作表标签"Sheet1"，在弹出的快捷菜单中选择"重命名"选项，如图 4-4 所示。

图 4-3 "移动或复制工作表"对话框

图 4-4 "重命名"快捷菜单

步骤 2：输入文字："2018-3"，然后按 Enter 键。仿此方法为其他工作表更名，如图 4-5 所示。

图 4-5 "重命名"后的效果

（3）移动工作表，调整顺序为"2016-3"为第一个工作表，后面接着"2016-4"等。

步骤1：右击工作表标签"2018-3"，在弹出的快捷菜单中选择"移动或复制"选项，打开"移动或复制工作表"对话框。

步骤2：选定位置在2018-7，不勾选"建立副本"，如图4-6所示。单击"确定"按钮，完成工作表"2018-3"移动在最左侧2018-7之前，如图4-7所示。

图4-6　"移动或复制工作表"对话框移动操作

| 2018-3 | 2018-7 | 2018-6 | 2018-5 | 2018-4 |

图4-7　工作表移动后的效果

步骤3：单击选中工作表标签"2018-3"，按下左键拖动工作表至第一的位置，松开左键。仿此方法为其他工作表完成顺序移动。

（4）删除多余空白工作表。

方法1：单击"Sheet2"工作表标签，右击，在弹出的快捷菜单中选择"删除"命令，完成工作表的删除。按此操作删除另外一个工作表。

方法2：如果执行一次操作将两个工作表同时删除，需要同时选定多个工作表。单击"Sheet2"，按下Ctrl键时，同时鼠标单击"Sheet3"，两个工作表同时选定的状态如图4-8所示，两个工作表标签皆为白色。在"Sheet2、Sheet3"工作表标签的范围内，右击，在弹出的快捷菜单中选定"删除"即可。

| 2018-3 | 2018-7 | 2018-6 | 2018-5 | 2018-4 | Sheet2 | Sheet3 |

图4-8　两个工作表同时选定状态

（5）插入汇总统计的工作表。

步骤1：单击工作表标签"2018-3"，右击，在弹出的快捷菜单中选择"插入"选项，打开"插入"对话框，如图4-9所示。

步骤2：在"插入"对话框的常用选项卡中，单击选定"工作表"。单击"确定"，完成新的工作表"Sheet8"的插入，位置在"2018-3"之前。

步骤3：单击"Sheet8"，右击选定"重命名"，将名字更改为"统计汇总表"。

（6）突出显示统计汇总工作表。

步骤1：右击工作表标签"统计汇总表"，在弹出的快捷菜单中选择"工作表标签颜色"选项，打开"颜色"选项框，如图4-10所示。

步骤2：在选项中选择红色，选项自动退出，单击工作表空白区域查阅，颜色已设定好，如图4-11所示。

图 4-9 "插入"工作表对话框

图 4-10 "工作表标签颜色"选项

统计汇总表 / 2018-3 / 2018-4 / 2018-5 / 2018-6 / 2018-7 /

图 4-11 "工作表标签颜色"设计样例

实验项目 4.1.2 制作个人简历表（制作个人推荐（简介）表，含"身份证号""生日"等单元格设置）

任务描述

请在 Excel 中建立如图 4-12 所示的个人简历表，并输入个人信息。

要求：

1. 标题文字选择黑体，字号为 26；表格内文字选择宋体，字号为 14；表格内文字居中对齐。

2. 表格内行号为 2-7、15-18 行的行高为 30，其余各行自行调整；A 列、D 列列宽为 15，E 列列宽为 17，其余列宽根据情况适当调整。

3. 内框线设置为细线，外框设置为双实线。

4. 录入个人信息，对不同数据类型设置恰当的格式，如身份证号数字设置为文本格式，出生日期设置为"2001/3/14"。

5. 对完成的个人简历表执行保存。

图 4-12　个人简历表样例

操作提示

（1）新建 Excel 文件，观察个人简历表样稿，录入表格数据

步骤 1：启动 Excel 2010，默认打开一个空白文件。

步骤 2：输入文字，选定对应文字区域，标题文字选择黑体，字号为 26；表格内文字选择宋体，字号为 14；表格内文字设置居中对齐。

步骤 3：选定身份证号数据单元格，右击，在弹出的快捷菜单中选定"设置单元格格式"，弹出设置单元格格式对话框，如图 4-13 所示，选择"数字"选项卡下分类为"文本"，完成数据类型转为文本。录入的身份证号为完整数字，默认靠左对齐。

出生日期参照此操作转换数据类型为日期，显示格式为"2001/3/14"。

（2）合并单元格区域

参照样表，选定 A1 到 E1 连续 5 个单元格，选择"开始"选项下的"对齐方式"组，然后单击"合并后居中"按钮，把多个单元格变为一个单元格，文字设置居中对齐，如图 4-14 所示。其余合并区域参照设置。

（3）调整表格的行高，列宽

步骤 1：拖动鼠标连续选定表格内行号为 2-7 行，按下 Ctrl 键同时鼠标选定 15-18 行，

图 4-13　"设置单元格格式"对话框

同时选定两个不连续区域,在行标区域内右击,在弹出的快捷菜单中选择"行高",如图 4-15 所示,弹出行高对话框,填入 30,单击"确定"按钮。

步骤 2:其余行自行拖动行标调整。列宽操作参照设置。

图 4-14　合并居中

图 4-15　行高设置

(4) 添加框线

步骤 1:选定 A2:E18 区域,在"开始"功能区的"字体"组中,单击"下框线"按钮,在弹出的下拉列表中选择"其他边框"选项如图 4-16 所示。

步骤 2:在弹出的"设置单元格格式"对话框中,选择"边框"选项,如图 4-17 所示。在左侧"线条样式"中选定单实线,单击边框预览区"内部"按钮;单击左侧"线条样式"选定双实线,然后单击边框预览区"外边框"按钮,单击"确定"按钮。完成对边框的设置。

完成文档后执行保存。

图 4-16　边框按钮菜单

图 4-17　"边框"选项设置对话框

实验项目 4.1.3　设计制作个人现金账目台账表

任务描述

以月和工作表为基本单位制作个人现金账目台账表。工作表命名规则为某年某月，如

2016-1、2016-2 等。每个工作表中的单元格架构为：合并 A1:F1 单元格区域并居中，输入表标题：某年某月个人现金账目记录，如"2016 年 1 月个人现金账目记录"，字体设置为华文楷体、16 磅、加粗；在 A2:F2 单元格区域中分别输入数据表列标题：日期、收入科目、收入（元）、支出科目、支出（元）、余额（元），字体设置为仿宋、14 磅、加粗；从 A3 单元格开始输入每笔记录，并能根据每笔记录的收入和支出自动计算余额，单元格中的字体格式为宋体、12 磅，日期为日期格式中的 X 年 X 月 X 日，现金使用"数值"型、小数位数 2 位，使用千位分隔符；表格中所有单元格均设置为居中显示。最后以"某某个人现金账目台账.xlsx"为工作簿文件名，保存在个人指定的文件夹中。设计样例如图 4-18 所示，也可打开 Excel 文档"某某个人现金账目台账_样张.xlsx"查看。

2016年1月个人现金账目记录					
日期	收入科目	收入（元）	支出科目	支出（元）	余额（元）

图 4-18　个人现金账目台账表样例

操作提示

（1）新建工作簿文件，工作表命名为 2016-1、2016-2 等。

步骤 1：启动 Excel 2010。

步骤 2：右击工作表标签 Sheet1，在弹出的快捷菜单中选择"重命名"选项，如图 4-19 所示。

步骤 3：输入文字：2016-1，然后按 Enter 键。仿此方法为其他工作表更名，如图 4-20 所示。

图 4-19　右击 Sheet1 的快捷菜单

步骤 4：当工作表不够用时，可单击工作表标签右侧的"插入工作表"按钮插入新工作表，如图 4-21 所示。

图 4-20　工作表名字处于被编辑状态

图 4-21　单击"插入工作表"按钮可插入新工作表

(2) 输入工作表标题并设置字体格式。

步骤 1：单击工作表名"2016-1"，切换至"2016-1"工作表。

步骤 2：用拖拉法选中 A1:F1 单元格区域，如图 4-22 所示。

图 4-22　选中 A1:F1 单元格区域

步骤 3：在"开始"选项卡的"对齐方式"组中单击"合并后居中"按钮，在弹出的下拉列表中选择"合并后居中"选项，如图 4-23 所示。

图 4-23　合并后居中

步骤4：然后在编辑栏或A1单元格中输入文字："2016年1月个人现金账目记录"，并切换至"开始"选项卡的"字体"组中将字体设置为华文楷体、16磅、加粗，如图4-24所示。

图4-24　输入并设置表标题

（3）输入数据表列标题并设置字体格式。

步骤1：依次选中A2、B2、C2、D2、E2、F2单元格，分别输入："日期、收入科目、收入（元）、支出科目、支出（元）和余额（元）"文字。

步骤2：切换至"开始"选项卡的"字体"组中，将字体设置为仿宋、14磅、加粗。

（4）设置数据表数据记录区的字体为宋体、12磅。

步骤1：选中A3:F33单元格区域。

步骤2：切换至"开始"选项卡的"字体"组中，将字体设置为宋体、12磅。

（5）设置整个工作表单元格格式为居中并添加表格线。设置A2:F33单元格区域的行高和列宽均为18。

步骤1：选中A1:F33单元格区域。

步骤2：切换至"开始"选项卡的"对齐方式"组，单击"设置单元格格式：对齐方式"按钮，在打开的"设置单元格格式"对话框中，将"水平对齐"设置为"居中"，"垂直对齐"设置为"居中"，如图4-25所示。

图4-25　单元格的居中设置

步骤3：切换至"边框"选项卡，在"样式"栏选择线型，在"颜色"下拉列表框选择线的颜色，此处为默认选择，即单实线、自动，在"预置"栏单击"外边框"和"内部"设置外边框线和内框线，如图4-26所示。

步骤4：单击"确定"按钮，完成居中和内外框线的设置。

图4-26 表格内外框线设置

步骤5：选中A2:F33单元格区域，在"开始"选项卡的"单元格"组中单击"格式"下拉按钮，在弹出的下拉列表中分别选择"行高"和"列宽"选项，打开"行高"和"列宽"对话框，均设置为"18"，然后分别单击"确定"按钮，如图4-27和图4-28所示。

图4-27 设置行高

图4-28 设置列宽

（6）设置"日期"列的数据显示格式为"X年X月X日"；设置"收入（元）""支出（元）"和"余额（元）"列的数据显示格式为"数值"型、小数位数2位、使用千位分隔符。

步骤1：选中A3:A33单元格区域，切换至"开始"选项卡的"数字"组中，单击"设置单元格格式：数字"按钮，打开"设置单元格格式"对话框，在"数字"选项卡下的"分类"组中选择"日期"选项，在弹出的"类型"框中选择如图4-29所示显示格式，单击"确定"按钮。

步骤2：按住Ctrl键选中C3:C33，E3:F33单元格区域，切换至"开始"选项卡的"数字"组中，单击"设置单元格格式：数字"按钮，打开"设置单元格格式"对话框，在"数字"选项卡下的"分类"组中选择"数值"选项，将其右侧的"小数位数"微调框调整为2，选中"使用千位分隔符"复选框，如图4-30所示。然后单击"确定"按钮。

（7）设计制作"2016-2"数据表。

步骤1：单击"2016-2"工作表标签，切换至"2016-2"工作表。

图 4-29　设置日期显示格式

图 4-30　设置"收入(元)""支出(元)"和"余额(元)"列的数字显示格式

步骤 2：按照同样的操作步骤设计制作第 2 个数据表。

步骤 3：全部操作完成后，以"某某个人现金账目台账．xlsx"为文件名保存在自己指定的文件夹中。

实验 4.2　数据计算与创建图表

【实验目的】

(1) 熟练掌握公式与函数的使用方法。

（2）熟练掌握公式与函数的复制方法。

（3）熟练掌握单元格相对地址与绝对地址的引用方法。

（4）熟练掌握创建图表的方法。

实验项目 4.2.1　制作完整的学生成绩表

任务描述

进入"实验指导素材库\实验4\实验4.2"文件夹，打开"A班学生考试成绩_原始数据.xlsx"文档，在该工作簿文档中，A班学生成绩表原始数据如图4-31所示，对数据表中的所列项目进行计算与单科不及格判定，并进行单元格格式化和创建设计图表，最后以"A班学生考试成绩_统计结果.xlsx"为文件名保存于自己的文件夹中。设计样例如图4-32所示，也可打开"A班学生考试成绩_统计结果（样张）.xlsx"文档查看。

图 4-31　A班学生考试成绩原始数据

图 4-32　A班学生考试成绩统计结果样例

操作提示

计算成绩表中所列项目

（1）计算总分。

分析：计算总分可以使用公式也可以使用函数，两者比较使用函数较为方便。

步骤1：选中 G3 单元格，在"公式"选项卡的"函数库"组中单击"插入函数"按钮，打开"插入函数"对话框，在"或选择类别"下拉列表框中选择"常用函数"选项，在"选择函数"列表框中选择"SUM"函数，如图 4-33 所示。

步骤2：单击"确定"按钮，打开"函数参数"对话框，如图 4-34 所示。

步骤3：再次单击"确定"按钮。

图 4-33 选择"SUM"函数

图 4-34 "函数参数"对话框

步骤4：选中 G3 单元格右下角的复制柄拖移至 G10 单元格完成公式复制。

（2）计算平均分，保留1位小数。

步骤1：选中 H3 单元格，在打开的"插入函数"对话框中的"选择函数"列表框中选择"AVERAGE"函数。

步骤2：单击"确定"按钮，在打开的"函数参数"对话框中将"Number1"中的参数"D3:G3"修改为"D3:F3"，如图 4-35 所示。

步骤3：再次单击"确定"按钮。H3 单元格中的值为 81.667，为无限循环小数。

步骤4：选中 H3 单元格，切换至"开始"选项卡的"数字"组中，连续单击"缩小小数位数"按钮直到小数位数变为1位为止。

图 4-35 求平均值的"函数参数"对话框

步骤 5：单击选中 H3 单元格右下角的复制柄，将其拖移至 H10 单元格，完成公式复制。

（3）计算名次。

步骤 1：选中 I3 单元格，在"开始"选项卡的"编辑"组中单击"自动求和"下拉按钮，在弹出的下拉列表中选择"其他函数"选项，打开"插入函数"对话框。

步骤 2：在"或选择类别"下拉列表框中选择"全部"选项，在"选择函数"列表框中选择"RANK"函数，如图 4-36 所示，单击"确定"按钮。

图 4-36 选择"RANK"函数

步骤 3：在打开的"函数参数"对话框中，在"Number"框中输入："G3"（单元格相对引用），在"Ref"框中输入："＄G＄3：＄G＄10"（单元格绝对引用），在"Order"框中输入："0"或忽略，如图 4-37 所示。

步骤 4：单击"确定"按钮。

步骤 5：单击选中 I3 单元格右下角的复制柄，将其拖移至 I10 单元格，完成公式复制。

（4）计算单科平均分（保留 1 位小数）、单科最高分、单科最低分。

步骤 1：选中 D11 单元格，单击编辑栏中的"插入函数"按钮，打开"插入函数"对话框，在"或选择类别"下拉列表框中选择"常用函数"，在"选择函数"列表框中选择"AVERAGE"

图 4-37　排位函数的"函数参数"对话框

函数。

步骤 2：单击"确定"按钮，打开"函数参数"对话框。

步骤 3：再次单击"确定"按钮。

步骤 4：单击选中 D11 单元格右下角的复制柄，将其拖移至 F11 单元格。

步骤 5：选中 D11：F11 单元格区域，切换至"开始"选项卡的"数字"组中，单击"减少小数位数"或"增加小数位数"按钮，调整小数位数为 1 位。

（5）使用 MAX 函数计算单科最高分，将其分别置于 D12：F12 单元格区域相应单元格中。

（6）使用 MIN 函数计算单科最低分，将其分别置于 D13：F13 单元格区域相应单元格中。

实验项目 4.2.2　企业人员分布统计

任务描述

进入"实验指导素材库\实验 4\实验 4.2"文件夹，打开"企业人员分布统计_原始数据.xlsx"文档，在该工作簿文档中，企业人员分布统计原始数据如图 4-38 所示，将 Sheet1 工作表的 A1：D1 单元格合并为一个单元格，内容水平居中；计算职工的平均年龄置于 C13 单元格内（数值型，保留小数点后 1 位）；计算职称为高工、工程师和助工的人数置于 G5：G7 单元格区域（利用 COUNTIF 函数）。选取"职称"列（F4：F7）和"人数"列（G4：G7）数据区域的内容，建立"二维饼图"，图表标题为"职称情况统计图"，设置一种"文本效果"，清除图例；将图插入到表的 A14：E22 单元格区域内，将工作表命名为"职称情况统计表"，设计样例如图 4-39 所示，也可打开文档"企业人员分布统计_计算结果（样张）.xlsx"查看。最后以"企业人员分布统计_计算结果.xlsx"为文件名保存于自己的文件夹中。

操作提示

1. 合并标题行单元格

步骤 1：打开"企业人员分布统计_原始数据.xlsx"文档，切换至"Sheet1"工作表，选中 A1：D1 单元格区域。

步骤 2：在"开始"选项卡的"对齐方式"组中单击"合并后居中"下拉按钮，在弹出的下拉列表中选择"合并后居中"选项即可。

图 4-38　企业人员分布统计原始数据

图 4-39　设计样例

2．计算工作表中所列项目

（1）计算平均年龄

步骤 1：选中 C13 单元格。

步骤 2：直接在编辑栏中单击"插入函数"按钮，在打开的"插入函数"对话框中选择"AVERAGE"函数，单击"确定"按钮，打开"函数参数"对话框，在"Number1"文本框中输入："C3：C12"，单击"确定"按钮。

步骤 3：切换至"开始"选项卡的"数字"组中，单击"增加小数位数"或"减少小数位数"按钮，将小数位数调整至小数点后 1 位即可。（此处不用调整即满足要求。）

（2）计算各类职称的人数

步骤 1：选中 G5 单元格。

步骤 2：直接在编辑栏中单击"插入函数"按钮，在打开的"插入函数"对话框中选择"COUNTIF"函数，单击"确定"按钮，打开"函数参数"对话框，在"Range"文本框中输入："＄D＄3：＄D＄12"（单元格的绝对引用），在"Criteria"文本框中输入"F5"（单元格的相对引用），单击"确定"按钮，如图 4-40 和图 4-41 所示。

图 4-40　选择"COUNTIF"函数

图 4-41　输入函数参数

3. 创建图表

步骤 1：选中 F4:G7 单元格区域。

步骤 2：切换至"插入"选项卡的"图表"组中，单击"饼图"下拉按钮，在弹出的下拉列表中选择"饼图"选项，则初始化图表创建成功，如图 4-42 所示。

步骤 3：选中图表，切换至"图表工具-布局"选项卡的"标签"组中，单击"图例"下拉按钮，在弹出的下拉列表中选择"无-关闭图例"选项则去除图例，如图 4-43 所示。

步骤 4：在"标签"组中单击"数据标签"下拉按钮，在弹出的下拉列表中选择"其他数据标签"选项，打开"设置数据标签格式"对话框，在左侧选项栏选择"标签选项"，在右侧选项栏的"标签包括"小组中选中"值""类别名称""显示引导线"复选框；在右侧选项栏的"标签位置"小组中选中"最佳匹配"单选按钮。然后单击"确定"按钮。则数据标签设置成功，如图 4-44 所示。

图 4-42　"饼图"下拉列表

图 4-43　"图例"下拉列表

步骤5：在"标签"组中单击"图表标题"下拉按钮，在弹出的下拉列表中选择"居中覆盖标题"选项，如图 4-45 所示，在弹出的放置标题文字的文本框中输入文字："职称情况统计图"，并切换至"图表工具-格式"选项卡的"艺术字样式"组中，单击"文本轮廓"下拉按钮将字体设置成红色，单击"文本效果"下拉按钮，在弹出的下拉列表中选择"发光"→"发光变体"中的"红色，18pt 发光，强调文字颜色 2"选项。

图 4-44　设置数据标签格式

图 4-45　设置图表标题

步骤 6：将图表拖移至 A14:E22 单元格区域。

4．工作表命名

步骤 1：双击工作表标签"Sheet1"。

步骤 2：输入文字："职称情况统计表"，按 Enter 键即可。

5．保存文档

步骤 1：单击"文件"→"另存为"选项。

步骤 2：在打开的"另存为"对话框中，将文档以"企业人员分布统计_计算结果.xlsx"为文件名保存于自己的文件夹中。

实验项目 4.2.3　企业产品投诉情况统计

任务描述

进入"实验指导素材库\实验4\实验4.2"文件夹，打开"企业产品投诉情况统计_原始数据.xlsx"文档，在该工作簿文档中，企业产品投诉情况统计原始数据如图 4-46 所示，合并 Sheet1 的 A1:C1 单元格，内容水平居中，计算投诉量的"总计"行及"所占比例"列的内容，将工作表命名为"产品投诉情况表"；选取"产品投诉情况表"的"产品名称"列和"所占比例"列的单元格内容(不包括"总计"行)，建立"分离型三维饼图"，不显示图例，数据标志为"类别名称"和"百分比"，图表标题为"产品投诉量情况图"，绘图区填充为"花束"，插入到表的 A8:E18 单元格区域内。设计样例如图 4-47 所示，也可打开文档"企业产品投诉情况统计_计算结果(样张).xlsx"查看。最后以"企业产品投诉情况统计_计算结果.xlsx"为文件名保存于自己的文件夹中。

图 4-46　企业产品投诉情况统计原始数据

操作提示

1．合并标题行单元格

步骤 1：选中 A1:C1 单元格区域。

步骤 2：在"开始"选项卡的"对齐方式"组中单击"合并后居中"下拉按钮，在弹出的下拉列表中选择"合并后居中"选项即可。

2．计算工作表中所列项目

(1) 计算投诉量的总计

步骤 1：选中 B6 单元格。

步骤 2：直接单击编辑栏中的"插入函数"按钮，打开"插入函数"对话框，选择"SUM"函数，单击"确定"按钮打开"函数参数"对话框，再单击"确定"按钮即可。

图 4-47　设计样例

（2）计算各类产品的投诉量所占比例

步骤 1：选中 C3 单元格。

步骤 2：输入公式："＝B3/＄B＄6"后按 Enter 键或单击编辑栏中的"输入"按钮，如图 4-48 所示。

图 4-48　在 C3 单元格输入的公式

步骤 3：单击选中 C3 单元格右下角的复制柄，将其拖移至 C5 单元格完成公式复制。

步骤 4：选中 C3:C5 单元格区域，切换至"开始"选项卡的"数字"组中，单击"设置单元格格式：数字"按钮，打开"设置单元格格式"对话框，在"数字"选项卡下的"分类"框中选择"百分比"选项，并将右侧的"小数位数"调整成 2 位，单击"确定"按钮，如图 4-49 所示。

3. 创建图表

步骤 1：选中"产品名称"列和"所占比例"列的内容。

步骤 2：在"插入"选项卡的"图表"组中单击"饼图"下拉按钮，在弹出的下拉列表中选择"分离型三维饼图"选项，则初始化图表创建成功，如图 4-50 所示。

步骤 3：选中图表，在"图表工具-布局"选项卡的"标签"组中单击"图例"下拉按钮，在弹出的下拉列表中选择"无-关闭图例"选项即可隐藏图例。

图 4-49 将小数转换成百分数

步骤 4：选中图表,在"图表工具-布局"选项卡的"标签"组中单击"图表标题"下拉按钮,在弹出的放置标题文字的文本框中输入标题文字："产品投诉量情况图";切换至"图表工具-格式"选项卡的"艺术字样式"组中,通过单击"文本轮廓"和"文本效果"下拉按钮设置标题文字的颜色和背景效果。

步骤 5：选中图表,在"图表工具-布局"选项卡的"标签"组中单击"数据标签"下拉按钮,在弹出的下拉列表中选择"其他数据标签选项"即可打开"设置数据标签格式"对话框,在左侧选项栏选择"标签选项",在右侧选项栏的"标签包括"小组中选中"百分比""类别名称""显示引导线"复选框;在右侧选项栏的"标签位置"小组中选中"最佳匹配"单选按钮。然后单击"确定"按钮。则数据标志设置成功,如图 4-51所示。

图 4-50 设置分离型三维饼图

步骤 6：选中图表区,切换至"图表工具-格式"选项卡的"形状样式"组中,单击"形状填充"下拉按钮,在弹出的下拉列表中选择"纹理"→"花束"选项,如图 4-52 所示。

步骤 7：选中图表区,将其拖移至 A8:E18 单元格区域。

4. 工作表命名

步骤 1：双击工作表标签"Sheet1"。

步骤 2：输入文字"产品投诉情况表"后按 Enter 键即可。

5. 保存文档

步骤 1：单击"文件"→"另存为"命令。

步骤 2：在打开的"另存为"对话框中,将文档以"企业产品投诉情况统计_计算结果.xlsx"为文件名保存于自己的文件夹中。

图 4-51 设置图表的数据标签

图 4-52 设置图表区的填充色

实验 4.3 数据的基本分析与处理

【实验目的】

(1) 熟练掌握数据表中数据的排序。

(2) 熟练掌握数据表中数据的筛选。

(3) 熟练掌握数据的分类汇总。

(4) 熟练掌握创建数据透视表的方法。

实验项目 4.3.1 学生成绩的排序、筛选与分类汇总

任务描述

进入"实验指导素材库\实验 4\实验 4.3"文件夹,打开"学生成绩_原始数据.xlsx"文

档,对数据表中的数据按如下要求进行处理,最后以"学生成绩_处理结果.xlsx"为文件名保存于自己的文件夹中。如要参考设计样例,可打开"学生成绩_处理结果(样张).xlsx"文档查看。

(1) 在 Sheet1 数据表的"姓名"列右边增加"性别"列,第 1、3、5、6、9 条记录为女生,其他为男生。

(2) 将 Sheet1 数据表复制到 Sheet2 中 A1 开始的单元格区域,然后将 Sheet2 中的数据按性别排列,男生在上,女生在下,性别相同的按总分降序排列,并将"Sheet2"更名为"成绩的排序"。

(3) 将 Sheet1 工作表中的数据复制到 Sheet3 中 A1 开始的单元格区域,并在 Sheet3 数据表中筛选出总分小于 240 或大于 270 的女生记录,并将"Sheet3"更名为"成绩的筛选"。

(4) 新插入 Sheet4 工作表,并将 Sheet1 工作表中的数据复制到 Sheet4 工作表中 A1 开始的单元格区域,然后对 Sheet4 工作表中的数据按性别分别求出男生和女生的各科平均成绩(不包括总分),要求平均成绩保留一位小数,并将"Sheet4"更名为"成绩的分类汇总"。

操作提示

进入"实验指导素材库\实验 4\实验 4.3"文件夹,打开"学生成绩_原始数据.xlsx"文档。

(1) 单击选中"Sheet1"工作表,按要求插入性别列。

步骤 1:选中"英语"列的任意单元格。

步骤 2:在"开始"选项卡的"单元格"组中单击"插入"按钮,如图 4-53 所示。

步骤 3:在弹出的下拉列表中选择"插入工作表列"选项,如图 4-54 所示。

步骤 4:在插入的新列中输入列标题即字段名为"性别",然后按要求输入字段值完成插入列操作。

图 4-53 "单元格"组

图 4-54 "插入"按钮下拉列表

(2) 将 Sheet1 数据表复制到 Sheet2 中,然后进行排序操作。

步骤 1:框选 Sheet1 工作表中 A1:F11 单元格区域。切换至"开始"选项卡的"剪贴板"组中,单击"复制"按钮。

步骤 2:单击 Sheet2 工作表标签,并选中 A1 单元格。切换至"开始"选项卡的"剪贴板"组中,单击"粘贴"按钮,完成数据表复制操作。

步骤 3:选中 Sheet2 数据表中任意单元格。切换至"开始"选项卡的"编辑"组中,单击"排序和筛选"按钮,弹出下拉列表,如图 4-55 所示,单击"自定义排序"选项,打开"排序"对话框,按题目要求主要关键字选"性别",次序选"升序",然后单击"添加条件"按钮,弹出次要关键字列表,次要关键字选"总分",次序选"降序",排序依据均选"数值",如图 4-56 所示。单击"确定"按钮关闭对话框。

步骤 4:双击工作表标签名"Sheet2",然后输入文字:"成绩的排序"。

(3) 将 Sheet1 工作表中的数据复制到 Sheet3 中,并进行成绩的筛选。

步骤 1:按前述方法将 Sheet1 数据表中的数据复制到 Sheet3 数据表中。

步骤 2:选中 Sheet3 数据表中的任意单元格。切换至"开始"选项卡的"编辑"组中,单击"排序和筛选"按钮,在下拉列表中选择"筛选"选项,此时,数据表列标题旁出现下三角按钮,此为筛选器,如图 4-57 所示。

图 4-55　"排序和筛选"
按钮下拉列表

图 4-56　"排序"对话框

步骤 3:单击"总分"筛选器,在下拉列表中选择"数字筛选"→"小于"选项命令,打开"自定义自动筛选方式"对话框。按题目要求,设置两个条件用"或"逻辑运算符连接,如图 4-58 所示。单击"确定"按钮,即可得到按"总分"字段筛选的结果,如图 4-59 所示。

	姓名	性别	英语	计算机	高等数学	总分
1						
2	陈 菲	女	87	80	76	243
3	李晓林	男	89	92	70	251
4	张 丽	女	93	87	81	261
5	程一斌	男	76	68	77	221
6	邓小琳	女	83	97	93	273
7	杨 莉	女	77	85	88	250
8	杨大伟	男	69	69	79	217
9	张博琴	男	84	93	58	235
10	梁颖颖		76	85	57	218
11	周凯轩	男	82	57	74	213

Sheet1　成绩的排序　Sheet3

图 4-57　出现筛选器

图 4-58　针对"总分"字段的筛选

步骤 4：单击"性别"筛选器，在弹出的下拉列表中选择"文本筛选"→"等于"选项命令，打开"自定义自动筛选方式"对话框，设置性别为女，单击"确定"按钮，如图 4-60 所示。

步骤 5：按前述方法将"Sheet3"更名为"成绩的筛选"，双重筛选结果如图 4-61 所示。

	A	B	C	D	E	F
1	姓名	性别	英语	计算机	高等数学	总分
5	程一斌	男	76	68	77	221
6	邓小琳	女	83	97	93	273
8	杨大伟	男	69	69	79	217
9	张博琴	男	84	93	58	235
10	梁颖颖	女	76	85	57	218
11	周凯轩	男	82	57	74	213

Sheet1　成绩的排序　Sheet3

图 4-59　针对"总分"字段筛选的结果

图 4-60　针对"性别"字段的筛选

	A	B	C	D	E	F
1	姓名	性别	英语	计算机	高等数学	总分
6	邓小琳	女	83	97	93	273
10	梁颖颖	女	76	85	57	218

Sheet1　成绩的排序　成绩的筛选

图 4-61　双重筛选结果

（4）新插入 Sheet4 工作表，完成数据的复制和成绩的分类汇总。

步骤 1：单击工作表标签右侧的"插入工作表"按钮，插入新工作表，并将其更名为"成绩的分类汇总"。

步骤2：按前述方法将 Sheet1 数据表中的数据复制到当前的新数据表中。

步骤3：选中"性别"列任意单元格，切换至"数据"选项卡的"排序和筛选"组中，单击升序按钮，实现数据表按性别分类排列。

步骤4：选中当前数据表中的任意单元格，在"数据"选项卡的"分级显示"组中单击"分类汇总"按钮，打开"分类汇总"对话框。

步骤5：在"分类字段"列表框中选择"性别"选项，在"汇总方式"列表框中选择"平均值"，在"选定汇总项"列表框中撤销勾选"总分"复选框，勾选"英语""计算机"和"高等数学"复选框，如图 4-62 所示。

步骤6：然后单击"确定"按钮关闭对话框，数据经过分类汇总后，显示效果如图 4-63 所示。

图 4-62 "分类汇总"对话框

	A	B	C	D	E	F
1	姓名	性别	英语	计算机	高等数学	总分
2	李晓林	男	89	92	70	251
3	程一斌	男	76	68	77	221
4	杨大伟	男	69	69	79	217
5	张博琴	男	84	93	58	235
6	周凯轩	男	82	57	74	213
7		男 平均值	80.0	75.8	71.6	
8	陈 菲	女	87	80	76	243
9	张 丽	女	93	87	81	261
10	邓小琳	女	83	97	93	273
11	杨 莉	女	77	85	88	250
12	梁颖颖	女	76	85	57	218
13		女 平均值	83.2	86.8	79.0	
14		总计平均值	81.6	81.3	75.3	

Sheet1 / 成绩的排序 / 成绩的筛选 / 成绩的分类汇总

图 4-63 分类汇总效果

说明：单击分类汇总数据表左上角的控制按钮，数据表中的数据将分级显示。

实验项目 4.3.2　为图书销售数据创建数据透视表

任务描述

进入"实验指导素材库\实验4\实验4.3"文件夹，打开"某图书销售公司销售图书_原始数据.xlsx"文档，该文档中"图书销售情况表"部分数据如图 4-64 所示，要求对数据清单的内容建立数据透视表，按行为"图书类别"，列为"经销部门"，数据为"销售额"求和布局，并置于该数据表的 H2:L7 单元格区域，工作表名不变，最后以"某图书销售公司销售图书_处理结果.xlsx"为文件名保存于自己的文件夹中。设计样例如图 4-65 所示，也可打开"某图书销售公司销售图书_处理结果（样张）.xlsx"文档查看。

图 4-64　"图书销售情况表"部分数据

图 4-65　设计样例

操作提示

步骤1：进入实验4.3文件夹，双击"某图书销售公司销售图书_原始数据.xlsx"文档，选中数据表中的任意单元格，在"插入"选项卡的"表格"组中单击"数据透视表"按钮，如图 4-66 所示，在下拉列表中选择"数据透视表"选项，打开"创建数据透视表"对话框。

图 4-66　"数据透视表"下拉列表

步骤2：在"请选择要分析的数据"栏，选中"选择一个表或区域"单选按钮，此时在"表格/区域"文本框中已选中需要创建数据透视表的数据（步骤1已选）。

步骤3：在"选择放置数据透视表的位置"栏，选中"现有工作表"单选按钮，然后在"位置"文本框输入或选中放置数据透视表的区域，这里是"H2：L7"单元格区域，如图4-67所示；然后单击"确定"按钮，弹出"数据透视表字段列表"任务窗格。

步骤4：在任务窗格中，分别拖动字段名"图书类别""经销部门"和"销售额"到"行标签"栏、"列标签"栏和求和"∑"栏，如图4-68所示。最后单击任务窗格右上角的关闭按钮。完成数据透视表的创建。

图4-67　"创建数据透视表"对话框

图4-68　数据透视表字段列表

步骤5：将文档以"某图书销售公司销售图书_处理结果.xlsx"为文件名保存于自己的文件夹中。

※实验4.4　数据的综合分析与处理

【实验目的】

（1）进一步掌握工作表的格式化操作。

（2）进一步掌握数据的计算与创建复杂图表的方法。

（3）掌握在数据表中引用复杂函数完成数据的计算、查询、分析与统计。

（4）熟练掌握跨数据表的数据操作。

实验项目4.4.1　图书销售数据的分析与统计

任务描述

小李今年毕业后，在一家计算机图书销售公司担任市场部助理，主要的工作职责是为部门经理提供销售信息分析和汇总。

具体操作：进入"实验指导素材库\实验4\实验4.4"文件夹中，打开"图书销售情况_原始数据.xlsx"文档，该文档中"订单明细表"部分数据如图4-69所示，请你根据销售数据报表，按照如下要求完成分析和统计工作，最后以"图书销售情况_分析和统计结果.xlsx"为文件名保存于自己的文件夹中，设计样例如图 4-70 所示，也可打开"图书销售情况_分析和统计结果（样张）.xlsx"文档查看。

图 4-69　订单明细表部分数据

图 4-70　统计报告

（1）对"订单明细"工作表进行格式调整，通过套用表格格式方法将所有的销售记录调整为一致的外观格式，并将"单价"列和"小计"列所包含的单元格调整为"会计专用"（人民币）数字格式。

（2）根据图书编号，请在"订单明细"工作表的"图书名称"列中，用 VLOOKUP 函数完成图书名称的自动填充。"图书名称"和"图书编号"的对应关系在"编号对照"工作表中。

（3）根据图书编号，请在"订单明细"工作表的"单价"列中，使用 VLOOKUP 函数完成图书单价的自动填充。"单价"和"图书编号"的对应关系在"编号对照"表中。

（4）在"订单明细"工作表的"小计"列中，计算每笔订单的销售额。

（5）根据"订单明细"工作表中的销售数据，统计所有订单的总销售金额，并将其填写在"统计报告"工作表的 B3 单元格中。

（6）根据"订单明细"工作表中的销售数据，统计《Ms Office 高级应用》图书在 2012 年的总销售额，并将其填写在"统计报告"工作表的 B4 单元格中。

（7）根据"订单明细"工作表中的销售数据，统计隆华书店在 2011 年第 3 季度的总销售额，并将其填写在"统计报告"工作表的 B5 单元格中。

（8）根据"订单明细"工作表中的销售数据，统计隆华书店在 2011 年的每月平均销售额（保留 2 位小数），并将其填写在"统计报告"工作表的 B6 单元格中。

操作提示

进入"实验 4.4"文件夹中，打开"图书销售情况_原始数据. xlsx"文档。

（1）对"订单明细"工作表进行格式调整。

步骤 1：选中工作表中的 A2：H636 单元格区域，在"开始"选项卡的"样式"组中单击"套用表格格式"按钮，在弹出的下拉列表中选择一种表样式，这里我们选择"表样式浅色10"选项，如图 4-71 所示，弹出"套用表格格式"对话框，如图 4-72 所示，保留默认设置后单击"确定"按钮即可。

图 4-71　设置表样式　　　　　　　　　　图 4-72　"套用表格格式"对话框

步骤 2：选中"单价"列和"小计"列，右击，在弹出的快捷菜单中选择"设置单元格格式"命令，继而弹出"设置单元格格式"对话框。在"数字"选项卡下的"分类"组中选择"会计专用"命令，然后单击"货币符号（国家/地区）"下拉列表选择"CNY"，如图 4-73 所示。格式化设置效果如图 4-74 所示。

图 4-73　设置"单价"列和"小计"列的数据格式为会计专用

图 4-74 对"订单明细"工作表进行格式调整后的效果

(2) 用 VLOOKUP 函数完成图书名称的自动填充。

步骤 1：在"订单明细表"工作表的 E3 单元格中输入"＝VLOOKUP(D3,编号对照！$A$3:$C$19,2,FALSE)"，按 Enter 键完成订单编号为"BTW-08001"的图书名称自动填充，如图 4-75 所示。

步骤 2：拖动 E3 单元格右下角的复制柄到 E636 单元格完成所有订单编号的图书名称填充。

图 4-75 用 VLOOKUP 函数完成图书名称的自动填充

(3) 用 VLOOKUP 函数完成图书单价的自动填充。

步骤 1：在"订单明细表"工作表的 F3 单元格中输入"＝VLOOKUP(D3,编号对照！$A$3:$C$19,3,FALSE)"，按 Enter 键完成订单编号为"BTW-08001"的图书单价的自动填充，如图 4-76 所示。

步骤 2：拖动 F3 单元格右下角的复制柄到 F636 单元格，完成所有订单编号的图书单价填充。

图 4-76 用 VLOOKUP 函数完成图书单价的自动填充

(4) 在"订单明细"工作表的"小计"列中，计算每笔订单的销售额。

步骤 1：在"订单明细表"工作表的 H3 单元格中输入"＝F3＊G3"，按 Enter 键完成订单编号为"BTW-08001"订单的销售额计算。

步骤2：拖动 H3 单元格右下角的复制柄到 H636 单元格完成全部订单销售额的计算。如图 4-77 所示。

图 4-77　根据单价和销量计算每笔订单的销售额

（5）统计所有订单的总销售金额，并将其填写在"统计报告"工作表的 B3 单元格中。

步骤1：在"统计报告"工作表中的 B3 单元格输入"＝SUM(订单明细表! H3:H636)"，按 Enter 键后完成销售额的自动填充，如图 4-78 所示。

步骤2：分别单击选中 B4、B5 和 B6 单元格右下角的填充柄，然后向内拖动清除单元格数据，效果如图 4-79 所示。

图 4-78　统计所有订单的总销售金额

图 4-79　清除 B3:B6 单元格区域的填充数据

（6）统计《MS Office 高级应用》图书在 2012 年的总销售额，并将其填写在"统计报告"工作表的 B4 单元格中。

步骤1：在"订单明细表"工作表中，右击"日期"单元格，在弹出的快捷菜单中选择"排序"→"降序"选项命令。

步骤2：切换至"统计报告"工作表，在 B4 单元格中输入"＝SUMPRODUCT(1 ＊(订单明细表! E3:E262＝"《MS Office 高级应用》"), 订单明细表! H3:H262)"，按 Enter 键确认。

B4 单元格的填写效果如图 4-80 所示。

图 4-80　统计《MS Office 高级应用》图书在 2012 年的总销售额

（7）统计隆华书店在 2011 年第 3 季度的总销售额，并将其填写在"统计报告"工作表的 B5 单元格中。

步骤 1：在"统计报告"工作表的 B5 单元格中输入"＝SUMPRODUCT(1 ＊(订单明细表！C350：C461＝"隆华书店")，订单明细表！H350：H461)"。

步骤 2：按 Enter 键确认，B5 单元格的填写效果如图 4-81 所示。

图 4-81　统计隆华书店在 2011 年第 3 季度的总销售额

（8）统计隆华书店在 2011 年的每月平均销售额（保留 2 位小数），并将其填写在"统计报告"工作表的 B6 单元格中。

步骤 1：在"统计报告"工作表的 B6 单元格中输入"＝SUMPRODUCT(1 ＊(订单明细表！C263：C636＝"隆华书店")，订单明细表！H263：H636)/12"。

步骤 2：按 Enter 键确认，然后设置该单元格格式，保留 2 位小数。B6 单元格的填写效果如图 4-82 所示。

图 4-82　统计隆华书店在 2011 年的每月平均销售额（保留两位小数）

（9）文档的保存。

最后将文档以"图书销售情况_分析和统计结果.xlsx"为文件名保存于自己的文件夹中。

实验项目 4.4.2 个人开支明细数据的分析与整理

任务描述

小赵是一名参加工作不久的大学生。他习惯使用 Excel 表格来记录每月的个人开支情况，在 2013 年底，小赵将每月各类支出的明细数据录入了文件名为"开支明细表_原始数据.xlsx"的 Excel 工作簿文档中。请你根据下列要求帮助小赵对明细表进行整理和分析，最后以"开支明细表_分析整理结果.xlsx"为文件名保存于自己的文件夹中。开支明细表原始数据如图 4-83 所示，设计样例如图 4-84 和图 4-85 所示，也可打开"开支明细表_分析整理结果（样张）.xlsx"文档查看。

图 4-83 开支明细表原始数据

图 4-84 "按季度汇总"数据表

（1）进入"实验指导素材库\实验4\实验4.4"文件夹中，打开"开支明细表_原始数据.xlsx"文档，在工作表"小赵的美好生活"的第一行添加表标题"小赵 2013 年开支明细表"，并通过合并单元格，放于整个表的上端、居中。

（2）将工作表应用一种主题，并增大字号，适当加大行高列宽，设置居中对齐方式，除表标题"小赵 2013 年开支明细表"外为工作表分别增加恰当的边框和底纹，以使工作表更加美观。

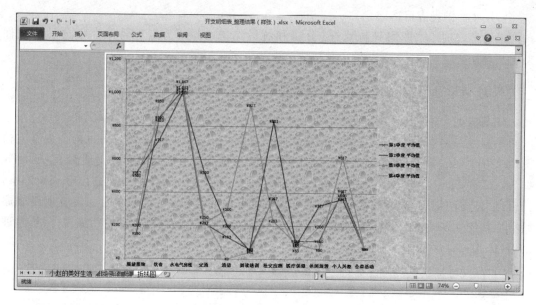

图 4-85　"折线图"数据表

（3）将每月各类支出及总支出对应的单元格数据类型都设为"货币"类型，无小数、有人民币货币符号。

（4）通过函数计算每个月的总支出、各个类别月均支出、每月平均总支出，并按每个月总支出升序对工作表进行排序。

（5）利用"条件格式"功能：将月单项开支金额中大于 1000 元的数据所在单元格以不同的字体颜色与填充颜色突出显示；将月总支出额中大于月均总支出 110% 的数据所在单元格以另一种颜色显示，所用颜色浅深以不遮挡数据为宜。

（6）在"年月"与"服装服饰"列之间插入新列"季度"，数据根据月份由函数生成，例如：1～3 月对应"1 季度"，4～6 月对应"2 季度"。

（7）复制工作表"小赵的美好生活"，将副本放置到原表右侧；改变该副本表标签的颜色，并重命名为"按季度汇总"；删除"月均开销"对应行。

（8）通过分类汇总功能，按季度升序求出每个季度各类开支的月均支出金额。

（9）在"按季度汇总"工作表后面新建名为"折线图"的工作表，在该工作表中以分类汇总结果为基础，创建一个带数据标记的折线图，水平轴标签为各类开支，对各类开支的季度平均支出进行比较，给每类开支的最高季度月均支出值添加数据标签。

操作提示

（1）合并单元格并输入表标题。

步骤 1：进入"上篇-实验指导\实验指导素材库\实验 4\实验 4.4"文件夹中，打开"开支明细表_原始数据.xlsx"文档。

步骤 2：在"小赵的美好生活"工作表中选择 A1：M1 单元格区域。

步骤 3：在"开始"选项卡的"对齐方式"组中单击"合并后居中"按钮，在弹出的下拉列表中再次选择"合并后居中"选项，然后输入"小赵 2013 年开支明细表"文字，按 Enter 键完成输入，并设置为楷体、20 磅、加粗、深红色字体。

（2）对工作表进行格式化。

步骤1：选择工作表标签，单击鼠标右键，在弹出的快捷菜单中选择"工作表标签颜色"命令，为工作表标签添加"橙色"主题。

步骤2：选择A1：M1单元格区域，切换至"开始"选项卡的"单元格"组中，通过单击"格式"下拉按钮，将"行高"设置为"30"，"列宽"设置为"10"。选择A2：M15单元格区域，将"字号"设置为"12"，将"行高"设置为"20"。将A2：M2单元格区域的字形加粗。

步骤3：选择A2：M15单元格区域，切换至"开始"选项卡的"对齐方式"组中，单击"设置单元格格式：对齐方式"按钮，打开"设置单元格格式"对话框，在"对齐"选项卡中将"水平对齐""垂直对齐"均设置为"居中"，如图4-86所示。

图4-86　设置单元格居中

步骤4：切换至"边框"选项卡，选择默认线条样式，将颜色设置为"标准色"中的"红色"，在"预置"选项组中单击"外边框"和"内部"按钮，如图4-87所示。

步骤5：切换至"填充"选项卡，选择一种背景颜色，此处选择浅绿色，如图4-88所示，单击"确定"按钮。

（3）设置各类支出及总支出对应的单元格数据类型。

步骤1：选择B3：M15单元格区域，在选定内容上单击鼠标右键，在弹出的快捷菜单中选择"设置单元格格式"命令。

步骤2：在弹出的"设置单元格格式"对话框中，切换至"数字"选项卡，在"分类"框中选择"货币"，将"小数位数"设置为"0"，确定"货币符号"为人民币符号（默认），单击"确定"按钮，如图4-89所示。

（4）计算所列项目及排序。

步骤1：选择M3单元格，输入公式"＝SUM(B3:L3)"后按Enter键确认，拖动M3单元格的填充柄填充至M14单元格；选择B15单元格，输入公式"＝AVERAGE(B3:B14)"后

图 4-87　设置表格边框

图 4-88　设置表格填充色

按 Enter 键确认,拖动 B15 单元格的填充柄填充至 M15 单元格。

步骤 2:选择 A2:M14 单元格区域,切换至"数据"选项卡的"排序和筛选"组中单击"排序"按钮,弹出"排序"对话框,"主要关键字"选择"总支出","排序依据"选择"数值""次序",选择"升序",单击"确定"按钮,如图 4-90 所示。

(5) 利用"条件格式"功能突出显示满足条件的单元格。

步骤 1:选择 B3:L14 单元格区域,切换至"开始"选项卡的"样式"组中单击"条件格式"

图 4-89　设置单元格的数字格式

图 4-90　按月总支出升序排序

下拉按钮,在弹出的下拉列表中选择"突出显示单元格规则"→"大于"选项,如图 4-91 所示,打开"大于"对话框,在"为大于以下值的单元格设置格式"文本框中输入"1000",使用默认设置"浅红填充色深红色文本",单击"确定"按钮,如图 4-92 所示。

图 4-91　"条件格式"下拉列表

　　步骤 2:选择 M3:M14 单元格区域,切换至"开始"选项卡的"样式"组中单击"条件格式"下拉按钮,在弹出的下拉列表中选择"突出显示单元格规则"→"大于"选项,打开"大于"对话框,在"为大于以下值的单元格设置格式"文本框中输入"=$M$15 * 110%",设置颜色为"黄填充色深黄色文本",单击"确定"按钮,如图 4-93 所示。

图 4-92　"大于"对话框一

图 4-93　"大于"对话框二

（6）在"年月"与"服装服饰"列之间插入新列"季度"，季度值由函数生成。

步骤 1：选择 B 列任意单元格，在"开始"选项卡的"单元格"组中单击"插入"下拉按钮，在弹出的下拉列表中选择"插入工作表列"选项，如图 4-94 所示，则新插入一列，选择 B2 单元格，输入文本"季度"。

步骤 2：选择 B3 单元格，输入"="第"&INT(1+(MONTH(A3)-1)/3)&"季度""，按 Enter 键确认，拖动 B3 单元格的填充柄至 B14 单元格。

（7）复制工作表，将副本放置到原表右侧。

步骤 1：在"小赵的美好生活"工作表标签处单击鼠标右键，在弹出的快捷菜单中选择"移动或复制"命令，在弹出的对话框中勾选"建立副本"复选框，在"下列选定工作表之前"中选择"（移至最后）"，单击"确定"按钮，如图 4-95 所示。

图 4-94　"插入"下拉列表

图 4-95　移动和复制工作表

步骤 2：在"小赵的美好生活（2）"标签处单击鼠标右键，在弹出的快捷菜单中选择"工作表标签颜色"命令，为工作表标签添加"红色"主题。

步骤 3：在"小赵的美好生活（2）"标签处单击鼠标右键，选择"重命名"命令，输入文本"按季度汇总"；选中"按季度汇总"工作表的第 15 行任意单元格，切换至"开始"选项卡的"单元格"组中，单击"删除"下拉按钮，在弹出的下拉列表中选择"删除工作表行"命令，则第 15 行被删除，如图 4-96 所示。

（8）按季度分类汇总。

步骤1：选择"按季度汇总"工作表，选中"季度"列任意单元格，在"数据"选项卡的"排序和筛选"组中单击"升序"按钮。

步骤2：选中A2：N14单元格区域。切换至"数据"选项卡的"分级显示"组中单击"分类汇总"按钮，打开"分类汇总"对话框，在"分类字段"中选择"季度"，在"汇总方式"中选择"平均值"，在"选定汇总项"中不勾选"年月""季度""总支出"，其余全选，单击"确定"按钮，如图4-97所示。

图 4-96　删除工作表行

图 4-97　"分类汇总"对话框

（9）新建名为"折线图"的工作表，创建一个带数据标记的折线图。

步骤1：单击"按季度汇总"工作表左上角的标签数字"2"（在全选按钮左侧），如图4-98所示。图中仅显示每个季度平均值和总计平均值。

	A	B	C	D	E	F	G
6		第1季度 平均值	¥517	¥717	¥1,000	¥520	¥200
10		第2季度 平均值	¥150	¥850	¥1,017	¥217	¥133
14		第3季度 平均值	¥500	¥833	¥1,067	¥217	¥300
18		第4季度 平均值	¥200	¥950	¥1,033	¥250	¥0
19		总计平均值	¥342	¥838	¥1,029	¥301	¥158

图 4-98　每个季度平均值和总计平均值

步骤2：选择B2：M18单元格区域，切换至"插入"选项卡的"图表"组中单击"折线图"下拉按钮，在弹出的下拉列表中选择"带数据标记的折线图"，如图4-99所示。生成的初始化图表如图4-100所示。

步骤3：选择图表，切换至"图表工具-设计"选项卡的"数据"组中，单击"切换行/列"按钮，将图例转换成为每个季度平均值，如图4-101和图4-102所示。

图 4-99　"折线图"下拉列表

图 4-100　创建的初始化折线图

图 4-101　"图表工具-设计"选项卡的"数据"组

图 4-102　将每个季度平均值转换成为图例后的显示效果

步骤 4：切换至"图表工具-格式"选项卡的"形状样式"组中，单击"形状填充"按钮，在弹出的下拉列表中选择"纹理"—"花束"，如图 4-103 所示；切换至"图表工具-布局"选项卡的"背景"组中，单击"绘图区"下拉按钮，在弹出的下拉列表中选择"其他绘图区选项"，如图 4-104 所示，在打开的"设置绘图区格式"对话框的左侧框中选择"填充"选项，右侧"填充"框中选择"图片或纹理填充"单选按钮，然后单击"纹理"，在弹出的下拉列表中选择"水滴"选项，如图 4-105 所示。

图 4-103 设置形状填充

图 4-104 "绘图区"下拉列表

图 4-105 对绘图区设置"纹理"—"水滴"填充

步骤 5：在图表上单击鼠标右键，在弹出的快捷菜单中选择"移动图表"命令，弹出"移动图表"对话框，选中"新工作表"单选按钮，输入工作表名称"折线图"，单击"确定"按钮，如图 4-106 所示。

图 4-106 新建"折线图"工作表

步骤 6：选择"折线图"工作表标签，单击鼠标右键，在弹出的快捷菜单中选择"工作表标签颜色"命令，为工作表标签添加"蓝色"主题；在标签处单击鼠标右键，选择"移动或复制"命令，弹出"移动或复制工作表"对话框，在"下列选定工作表之前"中选择"移至最后"，单击

>>>

"确定"按钮,如图4-107所示。

步骤7:选中图表,切换至"图表工具-布局"选项卡的"标签"组中单击"数据标签"下拉按钮,在弹出的下拉列表中选择"居中"选项,如图4-108所示。

图4-107　"移动或复制工作表"对话框

图4-108　"数据标签"下拉列表

（10）保存文档。

全部操作完成后,以"开支明细表_分析整理结果.xlsx"为文件名保存于自己的文件夹中。

实　验　**5**

PowerPoint 2010演示文稿软件操作

实验 5.1　演示文稿的基本操作和设计

【实验目的】

(1) 掌握新建、保存、打开演示文稿的方法。

(2) 掌握插入、删除、移动、复制幻灯片的方法。

(3) 学会选择恰当的幻灯片版式；学会应用主题和模板；能熟练地进行文本的输入与编辑；掌握设置幻灯片背景的方法。

(4) 掌握插入剪贴画、图片、自选图形等常见多媒体信息的方法。

(5) 掌握设置幻灯片切换效果、自定义动画和应用超链接的方法。

(6) 学会设置演示文稿的放映方式并熟练掌握放映演示文稿的方法。

实验项目 5.1.1　设计制作张三的个人简历—静态演示文稿

任务描述

按图 5-1 所示设计样例设计制作一个演示文稿，最后以"张三的个人简历—静态演示文稿. pptx"为文件名保存于自己的文件夹中。设计所需图片、文字和表格素材均保存于实验指导素材库\实验 5\实验 5.1 文件夹中，如果要详知设计样例可在实验 5.1 文件夹下打开"张三的个人简历—静态演示文稿(样张). pptx"文档查看。

操作提示

(1) 新建一个演示文稿，要求应用一种主题或设置一种背景。

步骤 1：启动 PowerPoint 2010 后，系统一般会自动新建一个空白演示文稿，名为"演示文稿1"。

步骤 2：按设计样例要求需要设置一种背景，单击"设计"选项卡，在"背景"组中，单击"设置背景格式"按钮，打开"设置背景格式"对话框，在左边栏中选择"填充"选项(默认选

图 5-1　静态演示文稿设计样例

项),在右边"填充"栏中选择"图片或纹理填充"单选按钮,再选择"纹理"→"花束",如图 5-2 所示。

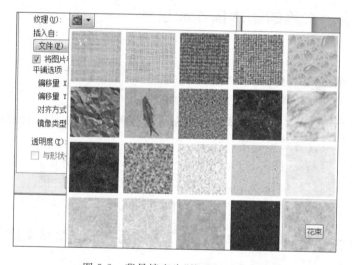

图 5-2　背景填充为"纹理"→"花束"

步骤 3:单击"全部应用"按钮,再单击"关闭"按钮即可实现全部幻灯片设置为"花束"背景,如图 5-3 所示。

(2)首末两张幻灯片的"标题"均为同一种样式的艺术字,"副标题"字体均为隶书、36 磅、加粗、深蓝色。

分析:首末两张幻灯片只有标题和副标题,所以均需插入"标题幻灯片"版式的幻灯片。

步骤 1:新建的演示文稿默认有一张标题幻灯片,请在标题占位符中输入文字:"个人简历",副标题占位符中输入:"——张三"。

步骤 2:选中标题文字:"个人简历",切换至"插入"选项卡的"文本"组中单击"艺术字"按钮,在弹出的下拉列表中选择第 4 行第 2 列艺术字样式,如图 5-4 所示。

图 5-3　"设置背景格式"对话框

步骤 3：删除原标题占位符及文字。选中艺术字，单击"绘图工具-格式"选项卡，在"艺术字样式"组中单击"文本效果"按钮，在弹出的下拉列表中选择"转换"→"倒 V 型"选项。如图 5-5 所示。

图 5-4　选择艺术字样式

图 5-5　"文本效果"下拉列表

步骤 4：选中艺术字适当调整其大小和位置；选中副标题文字，将其字体设置为隶书、36 磅、加粗、深蓝色。

步骤 5：切换至"开始"选项卡的"幻灯片"组中单击"新建幻灯片"按钮，在弹出的下拉列表中选择"标题幻灯片"选项，即可新插入一张幻灯片，如图 5-6 所示。

步骤 6：按照前述方法将标题文字"谢谢大家"设置为同样的艺术字样式，只是在"文本效果"下拉列表中选择"转换"→"下弯弧"选项，如图 5-7 所示。适当调整艺术字大小和位置。

图 5-6　"新建幻灯片"下拉列表

图 5-7　"文本效果"按钮下拉列表

步骤 7：在副标题占位符中输入文字："单击此处给我发邮件"并设置为隶书、36 磅、加粗、深蓝色。

（3）按设计样例制作第 2 张幻灯片。

分析：第 2 张幻灯片包含标题、横排文本和剪贴画，所以须插入"标题和内容"版式的幻灯片。

步骤 1：选中第 1 张幻灯片，切换至"开始"选项卡的"幻灯片"组中单击"新建幻灯片"按钮，在弹出的下拉列表中选择"标题和内容"选项，则插入一张新幻灯片，如图 5-8 所示。

步骤 2：在标题占位符中输入文字："个人简历"并将字体设置为华文行楷、48 磅、加粗、红色。

步骤 3：在文本占位符中输入文字："基本资料、学习经历、外语和计算机水平、自我评价"并分为 4 行，每行为 1 段，将字体设置为楷体、32 磅、加粗，深蓝色，行距为"1.5 倍行距"；添加如图 5-9 所示项目符号。

图 5-8　插入"标题和内容"幻灯片

图 5-9　添加项目符号

步骤 4：适当调整文本占位符大小和位置。切换至"插入"选项卡的"图像"组中，单击"剪贴画"按钮，如图 5-10 所示，弹出"剪贴画"任务窗格，在"搜索文字"文本框中输入"科技"，在"结果类型"下拉列表框中选择"所有媒体文件类型"选项并勾选"包括 Office.com 内容"复选框；然后单击"搜索"按钮，在搜索结果显示区单击所需图形即可插入幻灯片中，如图 5-11 所示。

图 5-10　"图像"组　　　　　　　　图 5-11　"剪贴画"任务窗格

（4）按设计样例制作第 3 张幻灯片。

分析：第 3 张幻灯片包含标题和表格，所以仍需插入"标题和内容"版式的幻灯片。

步骤 1：插入"标题和内容"版式的幻灯片。

步骤 2：在标题占位符中输入文字："基本资料"，并将其设置为华文行楷、48 磅、加粗、红色。

步骤 3：在文本占位符中单击"插入表格"按钮，如图 5-12 所示，弹出"插入表格"对话框，将"列数"调整为 5，"行数"调整为 7，单击"确定"按钮，如图 5-13 所示。则插入 5 列 7 行的表格。

图 5-12　单击"插入表格"按钮　　　　图 5-13　设置 5 列 7 行表格

步骤 4：选中表格，在"表格工具-设计"选项卡的"表格样式"组中单击"其他"按钮，在弹出的下拉列表中选择"无样式网格型"选项，如图 5-14 所示。

步骤 5：选中 E1:E3 单元格区域，切换至"表格工具-布局"选项卡的"合并"组中，单击

"合并单元格"按钮,如图 5-15 所示。并在合并后的单元格中插入设计样例所示剪贴画。再分别合并 D4:E4、B5:E5、B6:E6、B7:E7 单元格区域为 1 个单元格。按设计样例在表格各单元格中输入相应文字并设置字体、字号、颜色。

图 5-14 设置表格样式

图 5-15 "合并"组

(5) 按设计样例制作第 4 张幻灯片。

分析:第 4 张幻灯片包含标题、竖排文本和剪贴画,故需要插入"标题和竖排文字"版式的幻灯片。

步骤 1:插入"标题和竖排文字"版式的幻灯片。

步骤 2:在标题占位符中输入文字:"学习经历",并设置为华文行楷、48 磅、加粗、红色;在文本占位符中按设计样例复制相应的文字,并将字体设置为楷体、28 磅、深蓝色。

步骤 3:选中文本占位符,调整适当大小并放于幻灯片右边位置,在左边插入相应的剪贴画。

(6) 按设计样例、按前述方法分别制作第 5 张、第 6 张幻灯片。

(7) 以"张三的个人简历—静态演示文稿.pptx"为文件名保存于自己的文件夹中。

实验项目 5.1.2 设计制作张三的个人简历—动态演示文稿

任务描述

进入自己的文件夹找到并打开"张三的个人简历—静态演示文稿.pptx"文件,然后按如下要求设置后以"张三的个人简历—动态演示文稿.pptx"为文件名保存于自己的文件夹中。设计样例如图 5-16 所示,也可打开"张三的个人简历—动态演示文稿(样张).pptx"文档查看。

(1) 给第 2 张幻灯片设置图片背景替换原来的填充背景,给第 3 张幻灯片的表格中插入头像替换原来的剪贴画。

以下设置均需放映幻灯片,观察效果。

(2) 全部幻灯片的切换效果设置为:"覆盖"→"自底部",无声音、持续时间 1 秒、单击鼠标时。

(3) 所有幻灯片中的对象均要设置动画,动画的类型、效果任选,对象出现的先后顺序为:若为标题幻灯片,则先标题后副标题;若为标题和内容幻灯片,则先标题后文本,再是剪贴画或者先标题后表格、再是剪贴画。

(4) 设置超链接达到的效果为:单击第 2 张幻灯片中的相应"文本"则跳至相应"标题"的幻灯片,单击该张幻灯片中的"返回"按钮又返回第 2 张幻灯片;单击第 2 张幻灯片的动作按钮可跳至末张幻灯片,单击该张幻灯片的动作按钮又返回第 2 张幻灯片。单击末张幻

图 5-16　动态演示文稿设计样例

灯片中的文字"单击此处给我发邮件"可给张三发邮件。张三的邮箱地址是：zhangsan@163.com，发送邮件的主题是：通知。

（5）设置观众自行浏览、循环放映方式。

操作提示

（1）设置图片背景，插入头像。

步骤 1：选中第 2 张幻灯片，切换至"设计"选项卡的"背景"组中单击"设置背景格式"按钮。

步骤 2：在打开的"设置背景格式"对话框中，在左边栏选择"填充"选项（默认选择），在右边栏选择"图片或纹理填充"单选按钮，然后单击"文件"按钮打开"插入图片"对话框，找到并选中所需图片，单击"插入"按钮，最后单击"关闭"按钮关闭对话框，完成图片背景设置。如图 5-17 所示。

图 5-17　设置图片背景

步骤 3：选中第 3 张幻灯片，删除表格中的剪贴画，并将光标定位于插入头像处。

步骤 4：切换至"插入"选项卡的"图像"组中，单击"图片"按钮，打开"插入图片"对话框，找到并选中所需图片，单击"打开"按钮，再单击"插入"按钮。图片插入后自动关闭对话框，如图 5-18 所示。然后将图片拖至相应位置按比例调整其适当大小即可。

图 5-18　插入头像

（2）设置幻灯片切换效果。

步骤 1：选中文档中任意 1 张幻灯片。

步骤 2：在"切换"选项卡的"切换到此幻灯片"组中选择"覆盖"选项，在"效果选项"下拉列表中选择"自底部"，在"计时"组中选择默认选择，即"无声音"、持续时间 1 秒、换片方式：单击鼠标时。

步骤 3：单击"全部应用"按钮，如图 5-19 所示。

图 5-19　设置"切换"效果

（3）设置动画。

步骤1：选中第1张幻灯片中的标题文本，在"动画"选项卡的"动画"组中选择"飞入"选项，在"效果选项"下拉列表中选择"自左下部"，其他为默认选择，如图5-20所示。

图5-20　设置标题文本的动画效果

步骤2：选中副标题文本，在"动画"选项卡的"动画"组中选择"缩放"选项，在"效果选项"下拉列表中选择"对象中心"，其他为默认选择，如图5-21所示。

......

图5-21　设置副标题文本的动画效果

分析说明：从图5-21可知，副标题文本的动画类型为"缩放"，效果选项为"对象中心"，出现的先后顺序编号为"2"，其他默认选择为：开始为"单击鼠标时"，持续时间为"0.5秒"等。仿此方法设置其他各张幻灯片中的各对象的动画，注意按要求设置各动画出现的顺序。图5-22所示为第2张幻灯片中各对象出现的编号顺序。若要改变编号顺序可在"计时"组中的"对动画重新排序"栏中选择单击"向前移动"或单击"向后移动"，可对选中的对象出现的先后次序重新排序。

（4）设置超链接。

步骤1：选中第2张幻灯片中的"基本资料"文字。在"插入"选项卡的"链接"组中单击"超链接"按钮，打开"插入超链接"对话框。

步骤2：在左边的"连接到："选项组中选择"本文档中的位置"选项，在中间的"请选择文档中的位置："框中选择标题为"基本资料"的幻灯片，即编号为3的幻灯片，这时在右边的"幻灯片预览："框中可预览到要超链接到的幻灯片，如图5-23所示。

步骤3：单击"确定"按钮。此时，"基本资料"文字变成带下画线的文本。放映幻灯片体验超链接效果。

步骤4：在第3张幻灯片的右侧底部插入适当大小的"圆角矩形"形状，在其上添加"返

图 5-22　各对象出现的顺序编号

图 5-23　"插入超链接"对话框

回"文字。选中形状,在"插入"选项卡的"链接"组中单击"超链接"按钮,打开"插入超链接"对话框,在中间的"请选择文档中的位置:"框中选择编号为"2"的幻灯片,如图 5-24 所示。然后单击"确定"按钮。放映幻灯片体验效果。

图 5-24　返回编号为 2 的幻灯片

步骤5：仿此方法为"学习经历""外语和计算机水平""自我评价"文字设置超链接跳至相应标题的幻灯片，并在相应幻灯片中复制"返回"按钮，单击此按钮可返回编号为"2"的幻灯片。放映幻灯片体验效果。

分析说明：经过复制的"返回"按钮，不需再做超链接就可实现返回编号为"2"的幻灯片。即不仅复制了按钮本身也复制了其功能。

步骤6：选中第2张幻灯片，在"插入"选项卡的"插图"组中单击"形状"按钮，在弹出的下拉列表中选择"动作按钮"组的"前进或下一项"选项，如图5-25所示，此时鼠标光标变成一个"＋"号，然后在幻灯片的右侧底部拖移鼠标光标画出适当大小的图形，同时弹出"动作设置"对话框，在"单击鼠标时的动作"选项组中选择"超链接到："单选按钮，在其下拉列表中选择"最后一张幻灯片"选项，如图5-26所示，然后单击"确定"按钮。

图 5-25　选择动作按钮　　　　　　图 5-26　"动作设置"对话框

步骤7：选择最后1张幻灯片，仿照步骤6的方法在右侧底部画一适当大小的动作按钮，单击此按钮可返回第2张幻灯片。

步骤8：选中最后1张幻灯片的"单击此处给我发邮件"文字，在"插入"选项卡的"链接"组中单击"超链接"按钮，打开"插入超链接"对话框。在左边的"连接到："选项组中选择"电子邮件地址"选项，在中间的"电子邮件地址："文本框中输入：zhangsan@163.com，在"主题"文本框中输入：通知，然后单击"确定"按钮，如图5-27所示。放映幻灯片体验效果。

（5）设置观众自行浏览、循环放映方式。

步骤1：选中演示文稿中任意1张幻灯片，在"幻灯片放映"选项卡的"设置"组中单击"设置幻灯片放映"按钮。

步骤2：在打开的"设置放映方式"对话框中的"放映类型"选项组中选择"观众自行浏览（窗口）"单选按钮；在"放映选项"组中，勾选"循环放映"复选框，然后单击"确定"按钮，如图5-28所示。

（6）保存文档。

全部操作完成后以"张三的个人简历—动态演示文稿.pptx"为文件名保存于自己的文件夹中。

图 5-27　设置电子邮件地址

图 5-28　设置放映方式

实验 5.2　演示文稿的综合设计

【实验目的】

（1）能熟练地进行文本的输入与编辑，掌握设置幻灯片背景的设置方法。

（2）学会选择恰当的幻灯片版式，学会应用主题和模板。

（3）掌握插入剪贴画、图片、自选图形、音乐等常见多媒体信息的方法。

（4）掌握设置幻灯片切换效果、自定义动画和应用超链接的方法。

（5）能结合实际设计制作各种专业性的演示文稿。

实验项目 5.2.1　设计制作"天河二号"演示文稿

任务描述

问题的提出："天河二号超级计算机"是我国独立自主研制的超级计算机系统，2014 年 6 月再登"全球超算 500 强"榜首，为祖国再次争得荣誉。作为北京市第 xx 中学初二班级物理老师：李晓玲老师决定制作一个关于"天河二号"的演示幻灯片，用于学生课堂知识拓展。请你根据实验指导素材库\实验5\实验5.2\天河二号文件夹下的素材"天河二号素材.docx"及相关图片文件，帮助李老师按如下具体要求完成设计制作任务，设计样例可进入天河二号文件夹中打开"天河二号超级计算机（样张）.pptx"文档查看，最后以"天河二号超级计算机.pptx"为文件名保存于自己的文件夹中。

（1）演示文稿共包含10张幻灯片，标题幻灯片1张，概况2张，特点、技术参数、自主创新和应用领域各1张，图片欣赏3张（其中一张为图片欣赏标题页）。幻灯片必须选择一种设计主题，要求字体和色彩合理、美观大方。所有幻灯片中除了标题和副标题，其他文字的字体均设置为"微软雅黑"。

（2）第1张幻灯片为标题幻灯片，标题为"天河二号超级计算机"，副标题为"—2014年再登世界超算榜首"。

（3）第2张幻灯片采用"两栏内容"的版式，左边一栏为文字，右边一栏为图片，图片为天河二号文件夹下的"Image1.jpg"。

（4）以下的第3、4、5、6、7张幻灯片的版式均为"标题和内容"。素材中的黄底文字即为相应页幻灯片的标题文字。

（5）第4张幻灯片标题为"二、特点"，将其中的内容设置为"垂直块列表"SmartArt对象，素材中红色文字为一级内容，蓝色文字为二级内容，并为该SmartArt图形设置动画，要求组合图形"逐个"播放，并将动画的开始设置为"上一动画之后"。

（6）利用相册功能为天河二号文件夹下的"Image2.jpg"～"Image9.jpg"8张图片"新建相册"，要求每页幻灯片为4张图片，相框的形状为"居中矩形阴影"；将标题"相册"更改为"六、图片欣赏"。将相册中的所有幻灯片复制到"天河二号超级计算机.pptx"中。

（7）将该演示文稿分为4节，第1节节名为"标题"，包含1张标题幻灯片；第2节节名为"概况"，包含2张幻灯片；第3节节名为"特点、参数等"，包含4张幻灯片；第4节节名为"图片欣赏"，包含3张幻灯片。每一节的幻灯片均为同一种切换方式，节与节的幻灯片切换方式不同。

（8）除标题幻灯片外，其他幻灯片的页脚显示幻灯片编号。

（9）设置幻灯片为循环放映方式，如果不单击鼠标，幻灯片10秒钟后自动切换至下一张。

操作提示

（1）操作步骤如下。

步骤1：启动Microsoft PowerPoint 2010软件，打开天河二号文件夹下的"天河二号素材.docx"文件。

步骤2：选择第1张幻灯片，切换至"设计"选项卡的"主题"组中，应用"都市"主题，按Ctrl+M组合键添加幻灯片，使片数共为10，将演示文稿保存为"天河二号超级计算机.pptx"。

（2）操作步骤如下。

步骤1：选择第1张幻灯片，切换至"开始"选项卡的"幻灯片"组中将"版式"设置为"标题幻灯片"。

步骤2：将幻灯片标题设置为"天河二号超级计算机"，副标题设置为"—2014年再登世界超算榜首"。

（3）操作步骤如下。

步骤 1：选择第 2 张幻灯片，切换至"开始"选项卡的"幻灯片"组中将"版式"设置为"两栏内容"。

步骤 2：复制"天河二号素材.docx"文件内容到幻灯片，左边一栏为文字，"字体"设置为"微软雅黑"，字号为"20"，"字体颜色"为"黑色"。

步骤 3：右边一栏为图片，在"插入"选项卡的"图像"组中单击"图片"按钮，在弹出的"插入图片"对话框中选择天河二号文件夹下的"Image1.jpg"素材图片。

（4）操作步骤如下。

步骤 1：切换至"开始"选项卡，将第 3、4、5、6、7 张幻灯片的版式均设为"标题和内容"。

步骤 2：根据天河二号素材中的黄底文字，输入相应页幻灯片的标题文字和正文文字，并分别对第 3、4、5、6、7 张幻灯片添加的内容进行相应的格式设置，使其美观。

（5）操作步骤如下。

步骤 1：将光标置于第 4 张幻灯片正文文本框中，切换至"插入"选项卡的"插图"组中单击"SmartArt"按钮，弹出"选择 SmartArt 图形"对话框，选择"列表"下的"垂直框列表"，如图 5-29 所示。

步骤 2：选择第 3 个文本框，在"SmartArt 工具-设计"选项卡中的"创建图形"组中单击"添加形状"→"在后面添加形状"选项，在后面添加两个形状，并在相应的文本框中输入文字，设置相应的格式。

步骤 3：选择插入的 SmartArt 图形，切换到"动画"选项卡的"动画"组中，单击"飞入"选项，在"效果选项"→"序列"中选择"逐个"，在"计时"组中将"开始"设为"上一动画之后"。

图 5-29　插入 SmartArt 图形

<<<

（6）操作步骤如下。

步骤1：切换至"插入"选项卡的"图像"组中，单击"相册"下拉按钮，在其下拉列表中选择"新建相册"选项，弹出"相册"对话框，单击"文件/磁盘"按钮，选择"Image2. jpg"～"Image9. jpg"素材文件，单击"插入"按钮，返回"相册"对话框，将"图片版式"设为"4张图片"，将"相框形状"设为"居中矩形阴影"，单击"创建"按钮，如图5-30所示。

图5-30　创建"相册"

步骤2：将标题"相册"更改为"六、图片欣赏"，将二级文本框删除。将相册中的所有幻灯片复制到"天河二号超级计算机.pptx"中第8张至第10张幻灯片中。

（7）操作步骤如下。

步骤1：在幻灯片窗格中，选择第1张幻灯片，单击鼠标右键，在弹出的快捷菜单中选择"新增节"命令；选择第2、3张幻灯片，单击鼠标右键，在弹出的快捷菜单中选择"新增节"命令，使用同样的方法，将第4～7张幻灯片分为一节，第8～10张幻灯片分为另一节。

步骤2：选择节名，单击鼠标右键，在弹出的快捷菜单中选择"重命名节"选项，弹出"重命名节"对话框，输入相应节名，单击"重命名"按钮，如图5-31所示。

步骤3：为每一节的幻灯片均设置为同一种切换方式，节与节的幻灯片切换方式不同，可以适当进行设置。

图5-31　"重命名节"对话框

（8）操作步骤如下。

步骤1：切换到"插入"选项卡的"文本"组中单击"页眉和页脚"按钮，弹出"页眉和页脚"对话框。

步骤2：在"页眉和页脚"对话框中，切换至"幻灯片"选项卡，勾选"幻灯片编号"和"标题幻灯片中不显示"复选框，单击"全部应用"按钮，如图5-32所示。

（9）操作步骤如下。

步骤1：在"切换"选项卡的"切换到此幻灯片"组中，选中"标题"节，选择"推进"切换效果；选中"概况"节，选择"分割"切换效果；选中"特点、参数等"节，选择"百叶窗"切换效果；选中"图片欣赏"节，选择"形状"切换效果。

图 5-32 "页眉和页脚"对话框

步骤 2：选中第 1 张至第 10 张幻灯片，切换至"切换"选项卡的"计时"组中，勾选"设置自动换片时间"复选框，并将其持续时间设置为 10 秒，并单击"全部应用"按钮，如图 5-33 所示。

步骤 3：在"幻灯片放映"选项卡的"设置"组中单击"设置幻灯片放映"按钮，打开"设置放映方式"对话框，在"放映选项"组中勾选"循环放映，按 Esc 键终止"复选框，单击"确定"按钮，如图 5-34 所示。

图 5-33 设置自动换片时间

图 5-34 设置循环放映

步骤 4：将演示文稿以"天河二号超级计算机.pptx"为文件名保存于自己的文件夹中。

实验项目 5.2.2　设计制作"创新产品展示"演示文稿

任务描述

公司计划在"创新产品展示及说明会"会议茶歇期间,在大屏幕投影上向来宾自动播放会议的日程和主题,因此需要市场部助理小王按如下要求完善"创新产品展示_素材.pptx"文件中的演示内容,最后以"创新产品展示.pptx"为文件名保存于自己的文件夹中。设计样例可打开"创新产品展示(样张).pptx"文档查看,素材和样张文档均存放于实验指导素材库\实验5\实验5.2\创新产品展示文件夹中。

(1) 由于文字内容较多,将第7张幻灯片中的内容区域文字自动拆分为2张幻灯片进行展示。

(2) 为了布局美观,将第6张幻灯片中的内容区域文字转换为"水平项目符号列表"SmartArt布局,并设置该SmartArt样式为"中等效果"。

(3) 在第5张幻灯片中插入一个标准折线图,并按照如下数据信息调整PowerPoint中的图表内容。

	笔记本电脑	平板电脑	智能手机
2010 年	7.6	1.4	1.0
2011 年	6.1	1.7	2.2
2012 年	5.3	2.1	2.6
2013 年	4.5	2.5	3
2014 年	2.9	3.2	3.9

(4) 为该折线图设置"擦除"进入动画效果,效果选项为"自左侧"。按照"系列"逐次单击显示"笔记本电脑""平板电脑"和"智能手机"的使用趋势。最终,仅在该幻灯片中保留这3个系列的动画效果。

(5) 为演示文档中的所有幻灯片设置不同的切换效果。

(6) 为演示文档创建3个节,其中"议程"节中包含第1张和第2张幻灯片,"结束"节中包含最后1张幻灯片,其余幻灯片包含在"内容"节中。

(7) 为了实现幻灯片可以自动放映,设置每张幻灯片的自动放映时间不少于2秒钟。

(8) 删除演示文档中每张幻灯片的备注文字信息。

操作提示

(1) 操作步骤如下。

步骤1:打开创新产品展示文件夹下的"创新产品展示_素材.pptx"文档。

步骤2:在幻灯片视图中选中编号为7的幻灯片,单击"大纲"按钮,切换至大纲视图中,如图5-35所示。

步骤3:将光标定位在大纲视图中"-多角度、多维度分析业务发展趋势"文字的后面,按Enter键;切换至"开始"选项卡的"段落"组中,双击"降低列表级别"按钮,即可在"大纲"视图中出现新的幻灯片,如

图 5-35　拆分前的大纲幻灯片

图 5-36 所示。

图 5-36　拆分后的大纲幻灯片

步骤 4：将第 7 张幻灯片中的标题复制到新拆分后的幻灯片的标题文本框中。

（2）操作步骤如下。

步骤 1：切换至幻灯片视图中，选中编号为 6 的幻灯片，并选中该幻灯片中正文的文本框，在"开始"选项卡的"段落"组中单击"转换为 SmartArt 图形"下拉按钮。

步骤 2：在弹出的下拉列表中选择"水平项目符号列表"，如图 5-37 所示；并在"SmartArt 样式"组中选择"中等效果"选项，如图 5-38 所示。

图 5-37　转换为 SmartArt 图形

图 5-38　设置 SmartArt 样式为"中等效果"

（3）操作步骤如下。

步骤1：在幻灯片视图中，选中编号为5的幻灯片，在该幻灯片中单击文本框中的"插入图表"按钮，在打开的"插入图表"对话框中选择"折线图"图标，如图5-39所示。

步骤2：单击"确定"按钮，将会在该幻灯片中插入一个折线图，并打开Excel应用程序，根据题意要求向表格中输入相应数据，如图5-40所示。然后关闭Excel应用程序。

图5-39　选择插入图表类型

图5-40　向Excel表中输入的数据

（4）操作步骤如下。

步骤1：选中折线图，在"动画"选项卡的"动画"组中单击"其他"下拉按钮，在下拉列表中选择"擦除"效果，如图5-41所示。

步骤2：在"动画"选项卡的"动画"组中单击"效果选项"下拉按钮，在弹出的下拉列表中，将"方向"设置为"自左侧"，如图5-42所示，将"序列"设置为"按系列"，如图5-43所示。

图 5-41　设置为"擦除"动画效果

图 5-42　方向为"自左侧"

图 5-43　序列为"按系列"

（5）操作步骤如下。

步骤 1：根据题意要求，分别选中不同的幻灯片。

步骤 2：在"切换"选项卡的"切换到此幻灯片"组中设置不同的切换效果。第 1 至 9 张幻灯片的切换类型分别为"推进""形状""分割""百叶窗""蜂巢""时钟""涡流""碎片""飞过"。

（6）操作步骤如下。

步骤 1：在幻灯片视图中，选中第 1、2 张幻灯片，在"开始"选项卡的"幻灯片"组中单击"节"下拉按钮，在弹出的下拉列表中选择"新增节"选项，如图 5-44 所示。然后再次单击"节"下拉按钮，在弹出的下拉列表中选择"重命名节"选项，如图 5-45 所示，在打开的对话框中输入"节名称"为"议程"，如图 5-46 所示，单击"重命名"按钮，关闭对话框。

步骤 2：仿此方法将第 3 至第 8 张幻灯片编为 1 节，"节名称"命名为"内容"；第 9 张幻灯片单独构成 1 节，"节名称"命名为"结束"。

图 5-44　选择"新增节"

图 5-45　选择"重命名节"

图 5-46　"重命名节"对话框

（7）操作步骤如下。

步骤 1：在幻灯片视图中选中全部幻灯片。

步骤 2：在"切换"选项卡的"计时"组中取消"单击鼠标时"复选框的勾选，勾选"设置自动换片时间"复选框，并在文本框中输入"00：02.00"，并单击"全部应用"按钮，如图 5-47 所示。

图 5-47　设置全部幻灯片的自动换片时间为 2 秒

（8）操作步骤如下。

步骤 1：在"文件"选项卡下的"信息"组中单击"检查问题"下拉按钮，在弹出的下拉列表中选择"检查文档"选项，弹出"文档检查器"对话框，确认勾选"演示文稿备注"复选框，单击"检查"按钮。

步骤 2：在"审阅检查结果"中，单击"演示文稿备注"对应的"全部删除"按钮，即可删除全部备注文字信息。

步骤 3：最后单击"文件"选项卡，在弹出的下拉列表中选择"另存为"选项，打开"另存为"对话框，在对话框中以"创新产品展示.pptx"为文件名保存于自己的文件夹中。

计算机网络基础及应用

实验 6.1　IE 浏览器的使用

【实验目的】

（1）了解计算机网络的基本知识。

（2）学会使用 IE 浏览器访问网站。

（3）掌握 IE 浏览器常用命令的使用。

（4）掌握网上查找信息、浏览信息的基本操作。

（5）熟练掌握信息的下载和保存方法。

实验项目 6.1.1　使用 IE 浏览器访问"一带一路网"

任务描述

　　"一带一路"是当前国际范围内较为热议的话题，为让同学们进一步对其深入了解，现做一个主题为"一带一路"的图文说明文档，请通过 IE 浏览器访问"一带一路网"，并查找和浏览相关的信息。首先，启用 IE 浏览器，在地址栏中输入常用的搜索引擎的网址；然后，在搜索框中，输入"一带一路网"，单击进入该网站，并将其收藏到收藏夹中，以便下次直接访问；最后，在该网站上下载相关文字和图片，制作简单的图文说明文档，同时将该网站的首页保存为网页；最终将图文说明的文档和已保存的网站首页一并保存于实验指导素材库\实验 6\实验 6.1 文件夹中，具体设计样例可参看实验 6.1 文件夹下相应文件。

操作提示

　　（1）启用 IE 浏览器，定位搜索引擎

　　步骤 1：双击桌面 IE 浏览器快捷方式图标，启用 IE 浏览器。

　　步骤 2：在浏览器窗口的地址栏文本框中输入网址"www.baidu.com"，单击"转到"按钮或按 Enter 键进入，如图 6-1 所示。

　　（2）搜索"一带一路网"，并将其添加到收藏夹中

　　步骤 1：在搜索框中，输入"一带一路网"，单击"搜索"按钮或按 Enter 键进入该网站。

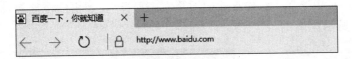

图 6-1 地址栏输入网址

步骤 2：打开网页后，选择"收藏夹"→"添加到收藏夹"命令，在名称文本框中输入"中国一带一路网"，单击"添加"按钮，如图 6-2 所示。

步骤 3：网页被收藏后，选择"收藏夹"菜单项，可查找到已经收藏的网站，如图 6-3 所示。

图 6-2 将"一带一路网"添加到收藏夹

图 6-3 查看已收藏网站

（3）访问"一带一路网"，搜索和下载图片，并保存网站首页

步骤 1：打开网站首页，选择"文件"→"另存为"命令，在弹出的"保存网页"对话框中更改存储路径为实验指导素材库\实验 6\实验 6.1 文件夹，生成"中国一带一路.html"网页文件和"中国一带一路网_files"文件夹，如图 6-4 和图 6-5 所示。

图 6-4 保存网页

步骤2：在网页中选择一张你喜欢的图片右击鼠标，在弹出的快捷菜单中选择"图片另存为"，如图 6-6 所示。

图 6-5　生成文件　　　　　　　　　图 6-6　保存网页中的图片

步骤3：在弹出的"保存图片"对话框中选择图片的保存路径，填写图片的保存名称，如图 6-7 所示。

图 6-7　保存网页中的图片

实验项目 6.1.2　在浏览器上下载播放器

任务描述

在学习和生活中,同学们经常会遇到这样的情况,一些视频、动画等资源需要下载到计算机上观看,所以这就势必要求我们在计算机上下载安装播放器,才能观看。首先,启用 IE 浏览器,在地址栏中输入常用的搜索引擎的网址;然后,在搜索框中,输入"暴风影音播放器",单击进入搜索结果;最后,进入下载界面开始下载。

操作提示

(1)启用 IE 浏览器,定位搜索引擎

步骤 1:双击桌面 IE 浏览器快捷方式图标,启用 IE 浏览器。

步骤 2:在浏览器窗口的地址栏文本框中输入网址 www.baidu.com,如图 6-8 所示。

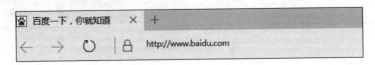

图 6-8　在地址栏输入网址

(2)在搜索框中输入"暴风影音播放器",进入搜索结果列表

在搜索框中输入"暴风影音播放器",单击"百度一下"按钮,打开搜索结果列表,如图 6-9 所示。

图 6-9　输入搜索内容

(3)进入下载界面,开始下载

步骤 1:选择官网,单击进入下载界面,如图 6-10 所示。

步骤 2:单击"普通下载",在弹出的"新建下载任务"对话框中,单击"浏览"按钮,选择将应用程序下载到实验指导素材库\实验 6\实验 6.1 的文件夹中,如图 6-11 所示。然后单击"下载"按钮,系统开始下载。

图 6-10　下载界面

图 6-11　新建下载任务对话框

实验项目 6.1.3　安装播放器

任务描述

将暴风影音播放器安装到自己计算机指定的位置。

操作提示

（1）打开文件夹，找到安装程序

步骤 1：打开实验指导素材库\实验 6\实验 6.1 文件夹，找到应用程序文件。

步骤 2：双击应用程序，弹出对话框，如图 6-12 所示。

（2）选择安装路径

单击"自定义选项"，选择安装路径；对"影视库快捷方式"和"暴风简助手"等选项，可有选择性的勾选，如图 6-13 所示。

（3）开始安装

步骤 1：安装路径设置完成后，单击"开始安装"按钮，软件开始安装。

步骤 2：安装完成后，系统会弹出对话框提示安装完毕，"暴风影音"的播放器就已经成功安装到自己的计算机上了，如图 6-14 所示。

图 6-12 安装提示对话框

图 6-13 设置安装路径

图 6-14 安装完毕

实验 6.2　电子邮件收发与管理

【实验目的】

（1）了解免费电子邮箱的申请方法。

（2）掌握收发邮件的基本操作。

（3）掌握管理电子邮件的方法。

实验项目 6.2.1　申请网易 163 免费邮箱

任务描述

随着信息的数字化，电子邮件已走进我们的学习和生活，手写信几乎被完全取而代之，因此掌握在线申请电子邮箱的方法就显得尤为重要。免费邮箱的申请步骤和过程也更是越发简单，下面将以网易 163 免费邮箱的申请为例来演示具体的申请流程和方法。

操作提示

（1）进入注册界面

步骤 1：启用 IE 浏览器，在搜索框中输入词条"163 网易邮箱"。

步骤 2：在搜索列表中，选择登录界面进入，如图 6-15 所示。

图 6-15　网易登录界面

（2）信息填写

步骤 1：单击注册按钮，进入到"网易免费邮箱"注册界面，如图 6-16 所示。

步骤 2：按要求填写注册信息。

（3）提交申请

信息填写完整后，单击"立即注册"按钮，提交申请。

图 6-16　网易免费邮箱注册界面

（4）注册成功

注册成功后，再次登录时，凭借邮箱地址和密码，可登录到个人邮箱，如图 6-17 所示。

图 6-17　注册成功后登录邮箱

实验项目 6.2.2　通过网易 163 邮箱发送邮件

任务描述

为了帮助学生充分利用暑期时间，学校决定开设暑期会计课程，现需要将课程培训的安排以邮件的形式发送给报名参加课程培训的同学。

操作提示

（1）登录邮箱

步骤1：启用 IE 浏览器，搜索"网易邮箱"，进入邮箱登录界面。

步骤2：输入用户名和密码，单击"登录"按钮进入个人邮箱。

（2）书写邮件内容

步骤1：单击"写信"按钮，进入"写信"界面。

步骤2：单击"添加附件"按钮，将实验 6.2 文件夹中的"会计培训课程表"以附件的形式添加到邮件中，如图 6-18 所示；附件上传成功后，如图 6-19 所示。

图 6-18　添加附件

图 6-19　完成附件添加

步骤3：继续填写邮件内容，将实验 6.2 文件夹中的"邮件内容.doc"中的文字输入到邮件内容中，至此，邮件内容添加完成。

（3）添加收件人和主题

步骤1：单击右侧的"快速添加联系人"按钮，将联系人的邮箱地址等信息提前导入通讯录中，新建联系组名为"会计培训同学"，将参加暑假会计培训的同学加入其中，如图 6-20 所示。

步骤2：将鼠标指针放至"会计培训同学"组别上，随即显示"添加该组"按钮，单击该按钮，可以将该组联系人全部添加到收件人一栏，如若不需全部导入，也可单个添加，如图 6-21 所示。

图 6-20　快速添加联系人

图 6-21　联系人分组

步骤 3：在主题一栏，输入"暑期会计课程培训说明"，如图 6-22 所示。

图 6-22　添加主题

（4）发送邮件

检查信息内容、收件人等信息无误的情况下，单击左下角或左上角的"发送"按钮，即可发送邮件，如图 6-23 所示。

图 6-23　邮件编写完成

实验项目6.2.3　通过163邮箱接收和管理邮件

任务描述

前段时间,你参加了"新青年杂志"主办的以"互联网＋教育"为主题征文活动,值得高兴的是,你的文章被录用了,你收到了该杂志社主编发来的修改文稿意见,你应如何查看并下载附件,又要如何管理邮件呢?

操作提示

(1)登录邮箱

步骤1:启用IE浏览器,搜索"网易邮箱",进入邮箱登录界面。

步骤2:输入用户名和密码,单击"登录"按钮进入自己的邮箱。

(2)查收邮件

步骤1:在收件箱后面,可以看到数字1,此标志提示存在一封未读邮件。打开"收件箱",收到一封主题为"改稿意见"的邮件,同时在该项的后面,可以看到曲别针形状的标识,提示有附件存在,如图6-24所示。

图6-24　查看收件箱

步骤2:打开邮件,查看并阅读邮件内容,如图6-25所示。

图6-25　邮件内容

步骤3:单击"查看附件"或"下载附件"按钮可查看或下载附件,如图6-26所示。

(3)管理邮件

收件箱里堆积了大量的邮件,不便于查看和查找,所以定期对邮件进行清理和分类管理是很有必要的。

步骤1:打开收件箱,选中无用的邮件,单击"删除"按钮将其删除,如图6-27所示。

步骤2:建立分类,方便管理。有些邮件,可以通过添加"标记"的方式进行分类,提醒自己邮件的种类。选中邮件,添加标记,如图6-28所示。

图 6-26 下载附件

图 6-27 删除无用邮件

图 6-28 邮件分类管理

实 验 7

多媒体技术

实验 7.1 图像和动画的编辑与处理

【实验目的】

(1) 掌握图像的编辑与合成技术。

(2) 理解 Flash 动画制作的原理和过程。

(3) 掌握动画的制作方法。

实验项目 7.1.1 图像的编辑与合成

任务描述

2015 年 7 月 31 日晚,国际奥委会第 128 次全会在吉隆坡举行,投票选出 2022 年冬奥会举办城市,经过 85 位国际奥委会委员的投票,国际奥委会主席巴赫正式宣布:北京张家口获得 2022 年冬奥会举办权。为了迎接 2022 年冬季奥运会的到来,请同学们以此为主题,并利用实验项目 7.1.1 文件夹中的素材,制作一张明信片,送给我国即将参加冬奥会的中国运动健儿们。最终将"明信片.jpeg"的图片文件保存于实验指导素材库\实验 7\实验 7.1\实验项目 7.1.1 文件夹中,具体设计样例如图 7-1 所示。也可打开实验项目 7.1.1 文件夹下的"明信片.jpg"文件查看。

分析:根据明信片常规尺寸,新建一个尺寸为 148mm×100mm 的图像文件,然后使用选区工具选择出素材图片,并调整素材图片的大小和边缘,再添加到明信片图像文件中。

操作提示

(1) 新建明信片图像文件

步骤 1:选择"文件"→"新建"命令,弹出新建对话框。

步骤 2:按如图 7-2 所示设置对话框中的属性值。设置如下:名称:"明信片";预设:

图 7-1　明信片效果图

自定；宽度：148 毫米，高度：100 毫米；分辨率：72 像素/英寸；颜色模式：RGB 颜色，8 位；背景内容：白色。然后单击"确定"按钮完成图像文件的新建，如图 7-3 所示。

图 7-2　新建图像对话框

图 7-3　图像新建完成

（2）提取并合成背景图像

步骤 1：选择"文件"→"打开"命令，弹出打开对话框。在"查找范围"下拉列表框中单击选中实验项目 7.1.1 文件夹，并同时选中并打开"背景素材"图片文件，如图 7-4 所示。

步骤 2：利用选区工具从该背景素材中提取所需图像。

由于此处的图像是不规则的，但前景色与背景色分明，因此在工具箱中可选择"魔棒工具 "" 快速选择工具 "和"多边形套索工具 "均可完成图像的提取。使用 3 种工具提取图像的效果完全一样，其方法大同小异，在此仅简单介绍利用"魔棒工具"提取图像的方法。

步骤 1：在工具箱中选择 魔棒工具，并在上方的属性栏中调整魔棒工具的属性值，如图 7-5 所示。

其中，选区的选择方式设置为第二项"在已有的选区基础上，添加新的选区"；"容差"是依据颜色的相似度产生选区范围，其值的范围为 0～255，值越大产生的选区越大，此处我们

图 7-4　打开素材文件

图 7-5　魔棒工具对应的属性栏

可以设置为 80；勾选"消除锯齿"和"连续"两个选项，以确保提取出的图像光滑和完整。

　　步骤 2：选区创建完成后，为了使图像能够与另一图像更好融合，在魔棒工具属性栏中单击"调整边缘"按钮，在打开的"调整边缘"对话框中对选区中图像的边缘进行平滑度和羽化的设置，如图 7-6 所示。

图 7-6　"调整边缘"对话框

　　步骤 3：在选区上右击鼠标，在弹出的快捷菜单中选择执行"通过复制的图层"命令，将选区中的图像复制到新图层中，如图 7-7 所示。

图 7-7 将选区图像复制到新图层中

步骤 4：以同样的方法继续提取另一部分图像，如图 7-8 所示。

图 7-8 将另一部分图像提取到新图层中

步骤 5：最后，分别将两部分图像移动到"明信片"图像中，并参照样例完成图像调整、合成明信片背景，如图 7-9 所示。

图 7-9 合成明信片背景

（3）导入并调整邮票图片的大小

步骤 1：选择"文件"→"打开"命令，弹出打开对话框，找到实验项目 7.1.1 文件夹，从中选择名为"邮票"的图片文件并将其打开。

步骤 2：由于邮票在整个明信片中所占的比例略小，因此需要调整"邮票"图片的大小。选择"图像"→"图像大小"命令，弹出"图像大小"对话框，如图 7-10 所示。

其中"像素大小"是指区域按像素显示图像大小，"文档大小"是指区域以打印尺寸显示图像大小，两个区域是等效的，因此"调整像素"大小即可。为较好地保留原图的比例应勾选"约束比例"，调整宽度为 70 像素，高度会自动改变，在最下方的下拉菜单中选择"两次立方较锐利（适用于缩小）"选项即可。

图像大小

像素大小:19.1K

宽度(W): 70　像素 ∨

高度(H): 93　像素 ∨

文档大小:

宽度(D): 1.85　厘米 ∨

高度(G): 2.46　厘米 ∨

分辨率(R): 96　像素/英寸 ∨

☑ 缩放样式(Y)

☑ 约束比例(C)

☑ 重定图像像素(I):

两次立方较锐利（适用于缩小）∨

确定　取消　自动(A)...

图 7-10　调整图像大小对话框

步骤 3：将调整后的"邮票"图片移动到"明信片"图像文件中，如图 7-11 所示。

图 7-11　邮票图像移到明信片中的效果

（4）置入"条形码""运动员"和"邮政编码"等图片素材

步骤 1：选择"文件"→"置入"命令，弹出对话框，从实验项目 7.1.1 文件夹中依次选择"运动员""条形码"和"邮政编码"三张图片置入到"明信片"文件之中。

步骤 2：因为图像是置入到文件中，所以可以直接对图片进行大小调整，且同时按住 Shift 键可等比例调整图像；适当调整图层顺序，图像合成如图 7-12 所示，图层的顺序如图 7-13 所示。

图 7-12　图像合成效果图

图 7-13　图层显示效果

（5）在空白处添加文字

步骤 1：在工具箱中单击选中"文字工具 T"按钮，再单击明信片空白处，输入文字"祝中国运动健儿：在 2022 年的冬季奥运会上取得优异成绩！"。

步骤 2：选中该段文字，如图 7-14 所示，在上方的文字属性栏中对其属性值进行设置，字体大小设置为 14 点，如图 7-15 所示。

图 7-14　选中文字

图 7-15　文字属性设置栏

步骤 3：为文字添加一些个性化的设置，在上方文字属性栏中单击"文字变形 工"按钮，打开"变形文字"对话框，在"样式"下拉列表框中选择"增加"选项并选中"水平"单选按钮，"弯曲"值设置为＋20％；"水平扭曲"值设置为－40％；如图 7-16 所示，单击"确定"按钮，设置后的效果如图 7-17 所示。

（6）保存为图片

步骤 1：选择"文件"→"存储为"命令，弹出"存储为"对话框，如图 7-18 所示。保存位置选择实验项目 7.1.1 文件夹；文件名为：明信片；根据需要选择文件格式，常用的图片文件格式有 JPEG、GIF、PNG 等；如想后续再进行修改，可将其保存为 PS 自带的 PSD 格式；此处操作将其存储为 JPEG 格式的图片。

图 7-16　文字形状设置

图 7-17　最终效果图

图 7-18　图像"存储为"对话框

　　步骤 2：单击"保存"按钮，弹出"JPEG 选项"对话框，如图 7-19 所示，选择默认值后单击"确定"按钮，至此图片保存成功。

　　最终效果可打开实验项目 7.1.1 文件夹中的"明信片.jpeg"文件查看。

图 7-19　"JPEG 选项"对话框

实验项目 7.1.2　二维动画的制作

任务描述

每年的八月一日是中国人民解放军建军纪念日,今年刚好是中国人民解放军建军 91 周年,现以此为题材,利用 Flash 制作一个动态的宣传条幅。最终将以"八一宣传条幅.swf"为文件名的动画文件保存于实验指导素材库\实验 7\实验 7.1\实验项目 7.1.2 文件夹中,具体设计样例可打开实验项目 7.1.2 文件夹中的相应文件查看。

操作提示

(1) 创建动画文件

步骤 1:双击桌面 Flash CS5 快捷方式图标 ,打开 Flash CS5 窗口,选择新建 ActionScript 3.0,如图 7-20 所示。

图 7-20　新建项目

步骤 2:选择"文件"→"新建"命令,弹出"新建文档"对话框,设置宽为 876 像素,高为 360 像素,然后单击"确定"按钮,如图 7-21 所示。

图 7-21　新建文档

（2）导入素材到库

步骤 1：选择"文件"→"导入"命令，相应地弹出快捷菜单，如图 7-22 所示，其中"导入到舞台"是指直接导入到场景中；"导入到库"是指将素材存放到库中，当需要时可以从库中调用。

步骤 2：如步骤 1，在此选择执行"导入到库"命令，将图片素材导入到库中待用，如图 7-23 为导入图片素材到库后的图示。

图 7-22　将素材导入到库

图 7-23　库面板中的素材

（3）设置背景

步骤 1：选中图层 1，双击图层名称"图层 1"，将图层重命名为"背景"。

步骤 2：在"背景图层"中单击选中第一帧，然后，在库中选择文件名为"背景素材.jpg"的图像，直接将其从库中拖至舞台，此时第一帧上的小黑圈由空心变为实心，如图 7-24所示。

步骤 3：调整背景图片在舞台的位置，单击右侧"对齐方式"的设置图标，弹出"对齐面板"，如图 7-25 所示；勾选"与舞台对齐"复选框，让图片相对于舞台垂直和居中对齐，效果如图 7-26 所示。

图 7-24　在背景图层插入背景素材

图 7-25　对齐方式的设置

图 7-26　背景图片相对舞台垂直居中对齐

步骤 4：为延续背景图像的存在，在背景图层的第 60 帧处右击鼠标，弹出快捷菜单，选择"插入帧"命令，时间轴从第 1 帧到第 60 帧相应变为蓝色，如图 7-27 所示。

图 7-27　对背景图层的插入帧设置

（4）设置五角星下降至舞台中心

步骤 1：在图层面板的最下方，单击新建图层图标 ，新建图层，将其重命名为"五角星"。

步骤 2：从库中将"八一标志.png"的图片拖到舞台，单击工具栏中的"任意变形工具 "按钮，此时红五星四周被框选，单击选框的顶点可调整五角星大小。

步骤 3：调整帧对应下的图片在舞台中的位置。在第 1 帧处设置五角星在舞台之外，通过对齐工具 ，将红五星的对齐方式设置为垂直舞台居中对齐；在第 30 帧处右击鼠标，在弹出的快捷菜单中选择"插入关键帧"命令，并设置红五星相对舞台水平和垂直居中。

步骤 4：在时间轴上，从第 1 帧到第 30 帧任意处右击鼠标，在弹出的快捷菜单中选择"创建传统补间"命令，如图 7-28 所示；该命令执行后的图层如图 7-29 所示。

图 7-28　创建传统补间

图 7-29　在第 1 帧到第 30 帧之间创建动画

（5）原位置粘贴五角星

步骤 1：在图层面板，继续新建图层，操作同上，并将其命名为"文字"。

步骤 2：在"文字"图层的第 31 帧处右击鼠标，在弹出的快捷菜单中选择"插入关键帧"命令，如图 7-30 所示。

步骤 3：在文字图层需要制作的动画效果为"五角星"变成"文字"。因要与"五角星"图层的动画效果衔接，于是需将五角星图层第 30 帧的内容原位置粘贴到文字图层的第 31 帧。在五角星图层单击选中第 30 帧，按住组合键 Ctrl＋C 复制该帧的内容。

步骤 4：再次切换到"文字"图层，单击选中第 31 帧，在菜单栏中选择"编辑"→"粘贴到当前位置"选项，如图 7-31 所示。将红五星粘贴到"文字图层"的第 31 帧处，此时五角星图层第 30 帧与文字图层第 31 帧的内容以及所处位置是一致的。

图 7-30　插入关键帧

图 7-31　粘贴到当前位置

（6）五角星元件到散件的转变

步骤 1：接下来将制作由"五角星"变成"文字"的补间形状动画效果。首先将五角星由"元件"变成"散件"。在"文字图层"的第 31 帧处右击鼠标，在弹出的快捷菜单中选择执行"修改"→"分离"→"分离"命令，舞台中红五星的变化如图 7-32、图 7-33 和图 7-34 所示。

图 7-32　元件

图 7-33　分离第一次

步骤 2：利用工具箱中的"橡皮擦 ✏ "工具，将多余黑点擦除，只留下红五星形状，如图 7-35 所示。

图 7-34 散件

图 7-35 擦除后呈五星形状

（7）添加文字

步骤1：在"文字图层"的第60帧处右击鼠标，在弹出的快捷菜单中选择"插入空白关键帧"命令。

步骤2：单击选中工具箱中的文字工具 **T** 按钮，在舞台任意处单击，书写文字"爱我中华，扬我国威"。

步骤3：选中文字，在属性面板中设置文字的字体：华文琥珀；大小：60点；颜色：黑色，如图7-36和图7-37所示。

图 7-36 设置文字属性

爱我中华，扬我国威

图 7-37 文字元件

步骤4：选中文字并右击鼠标，在弹出的快捷菜单中选择执行"修改"→"分离"→"分离"→"分离"命令，将文字由元件转变为散件，打散后文字上填满黑点，如图7-38所示。

（8）形状补间动画的创建和导出

步骤1：在"文字"图层的第31帧到第60帧之间的任意处右击鼠标，在弹出的快捷菜单中选择执行"创建补间形状"命令，如图7-39所示，创建动画后时间轴显示效果如图7-40所示。

爱我中华，扬我国威

图 7-38 文字散件

图 7-39 创建补间形状

图 7-40　创建动画后的文字图层

　　步骤 2：选择执行"文件"→"导出"→"导出影片"命令，弹出"导出影片"对话框，如图 7-41 所示。按要求设置文件名称和格式，并设置保存位置为实验指导素材库\实验 7\实验 7.1\实验项目 7.1.2 文件夹，单击"保存"按钮，完成动画导出。

图 7-41　导出动画

　　最终效果可打开实验项目 7.1.2 文件夹中的"八一宣传条幅.swf"文件查看。

实验 7.2　音频和视频的编辑与合成

【实验目的】

（1）掌握音频的编辑与合成技术。

（2）掌握视频的剪切技术。

（3）掌握视频文件的导出方法。

实验项目 7.2.1　音频的编辑与合成

任务描述

使用 Adobe Audition 软件从已有的音频中截取一段，作为"作者简介.wav"音频文件的背景音乐,最终将背景音乐和语音混合输出为"配音作者简介.mp3"音频文件,并保存于实验指导素材库\实验7\实验7.2\实验项目7.2.1文件夹中,具体设计样例可打开"配音作者简介.mp3"文件试听体验。

操作提示

(1)打开音频文件

步骤1:运行 Adobe Audition 软件,默认处于波形编辑器状态 ⊞ 波形 ,单击执行"文件"→"导入"→"文件"命令,在打开的选择窗口中选择名为"配音.wav"的音频文件,如图7-42所示。

图7-42 导入"配音.wav"的音频文件

步骤2:在右下方的"选区/视图"窗口中,设定音频的开始时间与结束时间,开始时间为0:00:000,结束时间为0:21:200,如图7-43所示。设定完成后单击"选区/视图"窗口的空白处即可。

图7-43 设置音频的起始时间和结束时间

步骤3:在波形编辑器中,确认该段音频处于被选中状态,在该段音频上右击鼠标,在弹出的快捷菜单中选择"复制为新文件"命令后,该段音频则以"未命名2"的文件名存放在左侧的面板中,如图7-44所示。

选择当前视图时间	
全选	Ctrl+A
存储选区为...	Ctrl+Alt+S
插入到多轨混音中	>
插入整段文件到 CD 布局中	>
捕捉噪声样本	Shift+P
设置当前剪贴板	>
剪切	Ctrl+X
复制	Ctrl+C
复制为新文件	Shift+Alt+C
粘贴	Ctrl+V
混合式粘贴...	Ctrl+Shift+V

图7-44 将节选音频复制为新文件

（2）在多轨混音编辑器中合成两段音频

步骤 1：单击执行"文件"→"导入"→"文件"命令，在弹出的选择窗口中选择名为"作者简介.wav"的音频文件，如图 7-45 所示。

图 7-45　导入"作者简介.wav"音频文件

步骤 2：单击 ⊞⊞ 多轨混音 按钮切换至多轨编辑器，在弹出的"新建多轨混音"对话框中更改"混音项目名称"为"配音作者简介"；"文件夹位置"选择实验指导素材库\实验 7\实验 7.2\实验项目 7.2.1 文件夹；其他值选择为默认值。然后单击"确定"按钮，如图 7-46 所示。

图 7-46　"新建多轨混音"对话框

步骤 3：分别将配音节选和作者简介两段音频拖至轨道 1 和轨道 2，如图 7-47 所示。

步骤 4：音频导入多轨道中后，可以通过音量调节按钮 ◼️◐◀ 适当调节音频的音量大小。

（3）将合成音频存储为 MP3 格式文件输出

步骤 1：单击执行"文件"→"导出"→"多轨缩混"→"完整混音"命令。

步骤 2：在弹出的"导出多轨缩混"对话框中，将文件名更改为"配音作者简介"；单击"浏览"按钮，设置文件保存位置为："实验指导素材库\实验 7\实验 7.1\实验项目 7.2.1 文件夹"；音频格式修改为 MP3 音频。具体设置如图 7-48 所示。

步骤 3：单击"确定"按钮。最终生成的"配音作者简介.mp3"的音频文件 ◎ 配音作者简介.mp3，已存放于实验项目 7.2.1 文件夹中。

最终效果可打开实验项目 7.2.1 文件夹中的音频文件"配音作者简介.mp3"进行试听体验。

图 7-47 将两段音频拖至轨道 1 和 2

图 7-48 "导出多轨缩混"对话框

实验项目 7.2.2 快剪辑视频编辑

任务描述

使用快剪辑软件将给定视频截取一段,并将其命名为"新截取视频",且存储为 avi 格式输出。最终将视频文件"新截取视频.avi"保存于实验指导素材库\实验 7\实验 7.2\实验项目 7.2.2 文件夹中。具体设计样例可打开实验项目 7.2.2 文件夹下的相应文件查看。

操作提示

(1) 视频素材导入

步骤 1:运行"快剪辑"软件,单击"新建项目"按钮,弹出"选择工作模式"对话框,如图 7-49 所示,选择专业模式;在对话框中有简单模式和专业模式可选,专业模式可将音频和视频分离,而简单模式没有此功能。

图 7-49　选择工作模式

步骤 2：单击 ▶本地视频 按钮，弹出打开对话框，在实验项目 7.2.2 文件夹中，找到"bridge.mp4"的视频文件，单击"打开"按钮，视频被导入"素材库"同时也被导入到视频轨道，如图 7-50 所示。

图 7-50　素材导入

（2）截取视频

步骤 1：在时间轴上，设置视频的开始时间为 ⊙ 02:05.10 ∠，设置完毕后，单击任意处，时间帧将自动定位到该时间处。

步骤 2：在快捷工具菜单中，单击分割工具 ✂，视频素材被分成两段。

步骤 3：以同样方法，在时间轴上输入结束时间为 ⊙ 02:21.10 ∠，单击任意处，在快捷工具菜单中,单击分割工具✂,视频被分成三段。

步骤 4:选择删除工具🗑,分别删除其余两段视频,只保留起始时间为 00:02:05:10 到 00:02:21:10 的视频。

(3) 将视频导出为 avi 格式

步骤 1:单击右下方的"开始导出"按钮,页面切换到导出界面,如图 7-51 所示。

步骤 2:设置各项参数。单击选择目录,弹出另存为对话框,设置文件名为"新截取视频",保存格式为 avi,其他参数可根据要求设置,若无要求默认值即可。

步骤 3:单击"开始导出"按钮,视频开始合成输出,完成后,视频会存放在实验项目 7.2.2 的文件夹中。

图 7-51 导出视频设置

最终效果可打开实验项目 7.2.2 文件夹中的"新截取视频.avi"文件查看。

图 书 资 源 支 持

感谢您一直以来对清华版图书的支持和爱护。为了配合本书的使用,本书提供配套的资源,有需求的读者请扫描下方的"书圈"微信公众号二维码,在图书专区下载,也可以拨打电话或发送电子邮件咨询。

如果您在使用本书的过程中遇到了什么问题,或者有相关图书出版计划,也请您发邮件告诉我们,以便我们更好地为您服务。

我们的联系方式:

地　　址: 北京海淀区双清路学研大厦 A 座 707

邮　　编: 100084

电　　话: 010－62770175－4604

资源下载: http://www.tup.com.cn

电子邮件: weijj@tup.tsinghua.edu.cn

QQ: 883604(请写明您的单位和姓名)

资源下载、样书申请

书圈

用微信扫一扫右边的二维码,即可关注清华大学出版社公众号"书圈"。